Ecosistemas, interacciones, energía y dinámica

Cirila Avila Castillo
José Guadalupe Arreguín Jiménez

CADUCEUS

ECOSISTEMAS, INTERACCIONES, ENERGÍA Y DINÁMICA

Editado por: Corporación Ígneo, S.A.C.
para su sello editorial Caduceus
José Olaya 169, Ofic. 504, Miraflores. Lima, Perú
Primera edición, mayo, 2026

ISBN: 978-956-424-045-9

Se terminó de imprimir en mayo de 2026 en:
ENOTRIA S.A.
Av. Nicolás Ayllón 2890. Ate, Lima – Perú

www.grupoigneo.com
Correo electrónico: contacto@grupoigneo.com | Teléfono: +51 955 071 270
Facebook: Grupo Ígneo | X: @editorialigneo | Instagram: @grupoigneo

Contenido

Presentación del libro 9

Contenido 11

UNIDAD 1

FOTOSÍNTESIS. EL SECRETO VERDE DE LA VIDA....13

Progresión 1. Dentro de las células de los organismos fotosintéticos hay estructuras responsables que facilitan que la energía del sol sea capturada por las plantas durante el proceso y se forme la materia vegetal......16

Actividad 1. La ciencia e ingeniería en tu formación 23

Actividad 2. Con tus conocimientos asimilados, resuelve el siguiente crucigrama 27

Progresión 2. A través de las reacciones químicas involucradas en la respiración celular de plantas y animales, las moléculas de los alimentos se rompen y se liberan energía útil para los seres vivos 28

Actividad 1. Analiza la diferencia entre la célula vegetal y la célula animal Anota cada una de las partes de la célula 31

Actividad 2. Con tus conocimientos asimilados contesta correctamente y encuentra la palabra oculta 33

Actividad 3. Indica si los siguientes enunciados son verdaderos o falsos 35

Progresión 3. Durante la fotosíntesis el dióxido de carbono y el agua se combinan para formar moléculas orgánicas que contienen carbono y liberan oxígeno, estas reacciones requieren energía solar y producen azúcares.. 36

Actividad 1. Recapitula conocimientos previos del tema de fotosíntesis para completar el esquema 38

Actividad 2. De forma individual contesta las siguientes preguntas.... 39

Actividad 3. Práctica de ingeniería. Extracción de pigmentos fotosintéticos 42

Progresión 4. La energía solar se distribuye en el planeta, las condiciones físicas del ambiente (temperatura y la precipitación) dan lugar a diferentes formas de vida 44

Actividad 1. Analiza la información del video para contestar las preguntas 47

Actividad 2. Con lo aprendido en esta progresión, completa los enunciados y resuelve la sopa de letras....51

Progresión 5. Los biomas son las grandes regiones de vegetación a nivel mundial en función de la distribución de la energía en las distintas regiones de la Tierra 53

Actividad 1. De forma individual contesta las siguientes preguntas.... 56

Actividad 2. En parejas lean el artículo. Producción de café y variables climáticas y completen el siguiente mapa conceptual....57

Actividad 3. Completa la información en los recuadros 61

Actividad 4. De los procesos que se presentan, colorea de verde aquellos que contribuyen al cuidado de los biomas y de color rojo los que afectan y provocan daños.... 62

UNIDAD 2

ECOSISTEMAS FLUJO DE MATERIA Y ENERGIA.... 63

Progresión 6. Las redes tróficas tienen diferentes niveles y uno de los primeros está formado por plantas y algas. En los flujos de materia y energía, que se presentan en los niveles de las redes tróficas, solo una pequeña fracción de la materia consumida en el nivel inferior se transfiere al nivel superior, para producir crecimiento y liberar energía durante la respiración celular. Dada esta ineficiencia, generalmente hay menos organismos en los niveles más altos de una cadena trófica 66

Actividad 1. Completa el siguiente organizador gráfico....72

Actividad 2. Completa los siguientes enunciados del texto: Flujo de energía: cadenas y redes alimenticias.........75

Actividad 3. Dibuja una red trófica con todos los organismos solicitados en la tabla. Posteriormente anota el nombre de cada organismo en el espacio correspondiente de la tabla 76

Actividad 4. Práctica de ingeniería. El ciclo Hidrológico 79

Progresión 7. La energía solar captada por las plantas fluye a través de la biomasa, al ser consumida por los herbívoros y los demás integrantes de la red trófica. En este proceso también no toda la energía de las plantas llega a los siguientes niveles 81

Actividad 1. Completa el cuadro sinóptico de biomasa y energía. Con ayuda de tu docente, comparen sus respuestas 86
Actividad 2. Resuelve la sopa de letras y completa los enunciados 87
Actividad 3. Practica de ingeniería. Cálculo de biomasa de hojas de maíz.... 89

Progresión 8. En las redes tróficas disminuyen los niveles debido a que la cantidad de energía disponible que se transfiere al siguiente nivel es cada vez menor 91

Actividad 1. Indica si los siguientes enunciados son verdaderos o falsos.... 98
Actividad 2. Realiza investigación en fuentes confiables para que reconozcas la importancia y beneficio de las redes tróficas para la supervivencia humana y la de muchos organismos. Posteriormente, analiza la situación que se menciona en cada red trófica, desarrolla la situación y emite algunas recomendaciones para que las redes tróficas tengan mayor estabilidad. Puedes elaborar tu propio esquema 99
Actividad 3 En equipos de cinco estudiantes realicen investigación de una red trófica del bosque y dibujen sus componentes o niveles y escriban cinco propuestas para mejorar sus condiciones 104

Progresión 9. El grado en el que sucede la fotosíntesis varía conforme a la cantidad de energía solar, lo que origina diferencias en el crecimiento de las plantas (productividad). De la misma forma, en los ecosistemas y en sus comunidades también se presentan diferencias de productividad 105

Actividad 1. Analiza la información en los códigos QR para contestar las preguntas.....109
Actividad 2. Analiza la información solicitada para completar el organizador gráfico y con ayuda de tu docente lleven a cabo una lluvia de ideas para homogeneizar resultados 110
Actividad 3. Con tus conocimientos asimilados, resuelve el siguiente crucigrama 114

Progresión 10. En cualquier ecosistema, los organismos y poblaciones con necesidades similares de alimentos, agua, oxígeno u otros recursos pueden competir entre sí, limitando su crecimiento y su reproducción 115

Actividad 1. Analiza el mapa conceptual y describe cada uno de los conceptos. Con ayuda de tu docente argumenten en plenaria las respuestas y la relación que existe entre los distintos conceptos 120
Actividad 2. Práctica de ingeniería. Efectos nocivos sobre la fauna 123

UNIDAD 3
IMPACTO HUMANO 125

Progresión 11. En los ecosistemas y comunidades la estabilidad y madurez varía, lo cual origina diferentes productividades. Los ecosistemas inestables e inmaduros son más vulnerables a perturbaciones y esto afecta su productividad....128

Actividad 1. Analiza la información y completa el cuadro comparativo 136
Actividad 2. Revisa la información del código QR y contesta las siguientes preguntas.....139
Actividad 3. Con lo aprendido en esta progresión, completa los enunciados y resuelve la sopa de letras 141

Progresión 12. Las sustancias presentes en los organismos vivos intervienen en las redes tróficas, en ellas se combinan y recombinan de diferentes formas y fluyen entre los organismos, la atmósfera y el suelo. En cada nivel de la cadena trófica, la materia y la energía se conservan. Por ejemplo, en una etapa del ciclo del carbono sucede la fotosíntesis y la respiración celular, en ella se dan procesos químicos, físicos y biológicos, en los que se intercambia el carbono entre la biósfera, la atmósfera y los océanos 142

Actividad 1. Analiza el esquema que representa el ciclo del agua y anota la etapa correcta en los espacios vacíos 149
Actividad 2. Descarga la información del código QR, analiza la conferencia del investigador

Armando Rosales para completar el siguiente texto 150
Actividad 3. En equipos de cinco estudiantes, utilicen el siguiente esquema para escribir la situación actual del agua (escenario) y algunas estrategias que te ayudarán a hacer un uso racional de este líquido de vital importancia. Realiza investigación en fuentes confiables y de manera grupal comenten cual es la importancia de cuidar, reutilizar y cosechar agua 151

Progresión 13. Los servicios ecosistémicos o ambientales son aquellos que la naturaleza o los procesos ecológicos proveen a los seres vivos y al planeta y son considerados el motor del medio ambiente 152

Actividad 1. Analiza la información del video Nuestro consumo-Latinoamérica parte 1 y contesta las preguntas 155
Actividad 2. En equipos de cinco integrantes analicen el video Nuestro consumo Latinoamérica, parte 2. En su cuaderno de notas, registren la información más relevante (reciclaje, hábitos alimenticios de carne y vegetales, ropa, calzado, consumo energético y generación de basura). En un pliego de papel bond reciclado, elaboren un organizador gráfico que incluya la información más relevante y algunas propuestas para mejorar la situación que vivimos. Expongan su organizador gráfico para rescatar propuestas de otros equipos. Te puedes apoyar del siguiente organizador gráfico 156
Actividad 3. Formen equipos de cinco estudiantes para analizar el video y la información del texto. No podemos perder ni un instante en la lucha por alcanzar los objetivos de Desarrollo Sostenible. Intercambia ideas y propuestas con tus compañeros para completar el cuadro comparativo. Con apoyo de tu docente, lleven a cabo una lluvia de ideas para retroalimentar las acciones personales...159
Actividad 4. Escucha detenidamente la canción. Con apoyo de su docente realicen un Análisis y descubre el mensaje de la letra 162

Progresión 14. La ciencia como un esfuerzo humano para el bienestar, parte 3. Discusión de la aplicación de las ciencias naturales: Desequilibrio ecológico...........................163

Actividad 1. Analiza la información de los enunciados y resuelve el crucigrama.................................165
Actividad 2. Explora tus conocimientos, habilidades y respeto por la naturaleza para elaborar una infografía de acciones que conduzcan a un Desarrollo Sustentable. Puedes retomar o utilizar como guía el esquema o crear el tuyo 169
Actividad 3. Práctica de ingeniería..170

Glosario 173
Referencias 179

Presentación del libro

Desde su concepción, las ciencias naturales han estado presentes y han sido estudiadas mediante la observación y la experimentación, reuniendo conocimientos organizados, sistematizados y relacionados unos con otros para conocer los fenómenos del mundo físico y utilizar los recursos naturales en nuestros servicios básicos de alimentación, vestido, salud, entre otros. En la actualidad, los científicos, con su trabajo sistemático, objetivo, racional y verificable, continúan con el descubrimiento de nuevos materiales, procesos, aplicaciones y la invención de objetos o presentación de alternativas para simplificar o acelerar procesos.

El objetivo del presente libro es formar parte de las herramientas de ayuda para los estudiantes de tercer semestre, que están en una nueva aventura del nivel medio superior, con el ímpetu de conocer, aprender y adquirir nuevos conocimientos significativos en esta trayectoria de su bachillerato, para tener nuevos aprendizajes, experiencias y mejorar sus habilidades para resolver situaciones de su entorno. También será de gran utilidad para analizar la situación ambiental que vive este planeta, nuestro hogar, y cambiar de paradigma para atender problemas ambientales mediante los proyectos colaborativos que aquí se presentan, o bien con nuevas propuestas de los docentes, de acuerdo con las condiciones ambientales de cada entorno.

El libro te ofrece la oportunidad de activar conocimientos previos y desarrollar nuevas habilidades cognitivas, que te permitirán trabajar de forma equitativa y con responsabilidad individual con tus compañeros de grupo, para atender y resolver situaciones que requieran el trabajo colaborativo entre los diferentes actores y, de esta forma, puedas tener una visión integral del planeta donde habitamos, para consensuar acuerdos que promuevan la responsabilidad ciudadana, el fomento de una cultura de paz, el respeto por la naturaleza y el cuidado del medio ambiente, tal y como lo marcan los principios de la Nueva Escuela Mexicana.

El libro cuenta con actividades diagnósticas, actividades de aprendizaje, actividades lúdicas, videos, proyectos y prácticas de ingeniería que fomentan el aprendizaje activo, permitiendo que la mente del estudiante se encuentre en constante actividad cognitiva para desarrollar exitosamente sus habilidades, pensamiento crítico y lograr un aprendizaje profundo y duradero, que pueda servir a largo plazo para resolver situaciones reales o formar parte del cúmulo de conocimientos sólidos para continuar sus estudios a nivel superior.

Las progresiones (las progresiones constituyen parte de las trayectorias de aprendizaje, las cuales, a su vez, son una descripción secuencial de los aprendizajes que lograrán los estudiantes de manera gradual) están diseñadas para que los estudiantes reconozcan las interacciones, los flujos de energía, el reciclaje de materia y nutrientes dentro de un sistema y comprendan fenómenos naturales y antropogénicos que se presentan en distintas partes del planeta.

El modelo 5E promueve aprendizaje colaborativo y activo

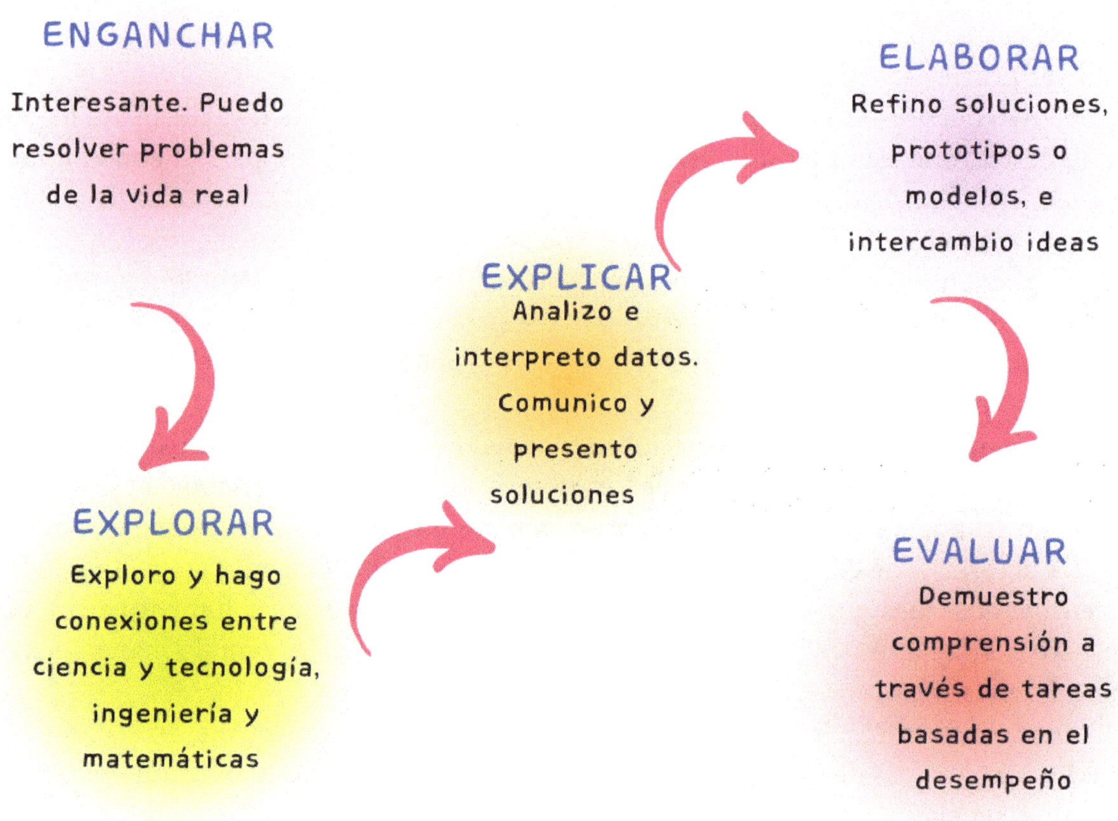

Contenido

Unidad 1

- **Progresión 1.** Dentro de las células de los organismos fotosintéticos hay estructuras responsables que facilitan que la energía del Sol sea capturada por las plantas durante el proceso y se forme la materia vegetal.
- **Progresión 2.** A través de las reacciones químicas involucradas en la respiración celular de plantas y animales, las moléculas de los alimentos se rompen y se libera energía útil para los seres vivos.
- **Progresión 3.** Durante la fotosíntesis el dióxido de carbono y el agua se combinan para formar moléculas orgánicas que contienen carbono y liberar oxígeno, estas reacciones requieren energía solar y producen azúcares.
- **Progresión 4.** La energía solar se distribuye en el planeta, las condiciones físicas del ambiente (la temperatura y la precipitación) dan lugar a diferentes formas de vida.
- **Progresión 5.** Los biomas son las grandes regiones de vegetación a nivel mundial en función de la distribución de la energía en las distintas regiones de la Tierra.

Unidad 2

- **Progresión 6.** Las redes tróficas tienen diferentes niveles y uno de los primeros está formado por plantas y algas. En los flujos de materia y energía, que se presentan en los niveles de las redes tróficas, solo una pequeña fracción de la materia consumida en el nivel inferior se transfiere al nivel superior, para producir crecimiento y liberar energía durante la respiración celular. Dada esta ineficiencia, generalmente hay menos organismos en los niveles más altos de una cadena trófica.
- **Progresión 7.** La energía solar captada por las plantas fluye a través de la biomasa, al ser consumida por los herbívoros y los demás integrantes de la red trófica. En este proceso también no toda la energía de las plantas llega a los siguientes niveles.
- **Progresión 8.** En las redes tróficas disminuyen los niveles debido a que la cantidad de energía disponible que se transfiere al siguiente nivel es cada vez menor.
- **Progresión 9.** El grado en el que sucede la fotosíntesis varía conforme a la cantidad de energía solar, lo que origina diferencias en el crecimiento de las plantas (productividad). De la misma forma, en los ecosistemas y en sus comunidades también se presentan diferencias de productividad.
- **Progresión 10.** En cualquier ecosistema, los organismos y poblaciones con necesidades similares de alimentos, agua, oxígeno u otros recursos pueden competir entre sí, limitando su crecimiento y su reproducción.

Unidad 3

- **Progresión 11.** En los ecosistemas y comunidades la estabilidad y madurez varía, lo cual origina diferentes productividades. Los ecosistemas inestables e inmaduros son más vulnerables a perturbaciones y esto afecta su productividad.
- **Progresión 12.** Las sustancias presentes en los organismos vivos intervienen en las redes tróficas, en ellas se combinan y recombinan de diferentes formas y fluyen entre los organismos, la atmósfera y el suelo. En cada nivel de la cadena trófica, la materia y la energía se conservan. Por ejemplo, en una etapa del ciclo del carbono sucede la fotosíntesis y la respiración celular, en ella se dan procesos químicos, físicos y biológicos, en los que se intercambia el carbono entre la biosfera, la atmósfera y los océanos.
- **Progresión 13.** Los servicios ecosistémicos o ambientales son aquellos que la naturaleza o los procesos ecológicos proveen a los seres vivos y al planeta y son considerados el motor del medio ambiente.
- **Progresión 14.** La ciencia como un esfuerzo humano para el bienestar. Parte 3. Discusión de la aplicación de las ciencias naturales: Desequilibrio ecológico.

UNIDAD 1
FOTOSÍNTESIS.
EL SECRETO VERDE DE LA VIDA

Contenido central

- **Ecosistemas, interacciones, energía y dinámica**

Conceptos transversales	Prácticas de ciencia e ingeniería
CT1. Patrones	▪ Hacer preguntas y definir problemas
CT2. Causa y efecto	▪ Desarrollar y usar modelos
CT3. Medición	▪ Planificar y realizar investigaciones
CT4. Sistemas	▪ Usar las matemáticas y el pensamiento computacional
CT5. Flujos y ciclos de la materia y la energía	▪ Analizar e interpretar datos
CT6. Estructura y función	▪ Construir explicaciones y diseñar soluciones
CT7. Estabilidad y cambio	▪ Argumentar a partir de evidencias
	▪ Obtener, evaluar y comunicar información

Metas de aprendizaje del contenido central

- Analizar e interpretar los patrones para rediseñar y mejorar los sistemas. Utilizar las representaciones matemáticas para identificar algunos patrones.
- Analizar que los cambios en los sistemas se deben a diferentes causas y también tienen distintos efectos. Identificar que los sistemas pueden diseñarse para causar un efecto esperado.
- Aplicar el concepto de orden de magnitud para comprender cómo un modelo en una escala se relaciona con otro en una escala distinta. Usar el pensamiento matemático para examinar datos y eventualmente predecir el efecto del cambio de una variable sobre otra(s).
- Determinar los cambios de la materia y la energía en función de los flujos hacía, desde y dentro del sistema, así como de los ciclos involucrados. Emplear el principio de conservación en el que la energía no se crea ni se destruye, sólo se mueve entre un lugar y otro, entre objetos y/o campos, o entre sistemas.
- Reconocer los procesos de retroalimentación y su efecto en la estabilidad del sistema. Diseñar elementos que proporcionen estabilidad a un sistema.

Perfil de egreso. Aprendizaje de trayectoria

- Las y los estudiantes comprenden qué es la materia y conciben sus interacciones para explicar muchas observaciones y fenómenos que experimentan en la vida diaria. A partir de una profunda comprensión de la estructura de la materia y de sus posibles combinaciones identifican por qué hay tantas y tan diferentes sustancias en el universo. Explican que la circulación de materia y energía está presente en todos los materiales y organismos vivos del planeta. Finalmente, los materiales nuevos pueden ser diseñados a partir de la comprensión de la naturaleza de la materia y ser utilizados como herramientas tecnológicas para la vida cotidiana.
- Las y los estudiantes comprenden que la conservación de la energía es un principio que se utiliza en todas las disciplinas científicas y en la tecnología, ya que aplica a todos los fenómenos naturales, experimentales y tecnología, conocidos; se utiliza tanto para dar sentido al mundo que nos rodea, como para diseñar y construir muchos dispositivos que utilizamos en la vida cotidiana. Reconocen los mecanismos por los que la energía se transfiere y que la energía fluye de los objetos o sistemas de mayor temperatura a los de menor temperatura.
- Las y los estudiantes valoran el papel que juegan los ecosistemas y los sistemas biológicos del planeta Tierra, a través de la comprensión de las interacciones de sus componentes. Identifican que toda la materia en los ecosistemas circula entre organismos vivos y no vivos, y que todos requieren de un flujo continuo de energía. Reconocen que los átomos de carbono circulan desde la atmósfera hacia las plantas, a través del proceso de fotosíntesis, y que pasan a través de las redes alimentarias para eventualmente regresar a la atmósfera. El conocimiento sobre los ecosistemas tiene aplicaciones tecnológicas en la medicina, la nutrición, la salud, la sustentabilidad, entre otros.

Progresión 1. Dentro de las células de los organismos fotosintéticos hay estructuras responsables que facilitan que la energía del sol sea capturada por las plantas durante el proceso y se forme la materia vegetal

Actividad diagnóstica y de análisis

1. **¿Qué sustancias necesitan las plantas para realizar la fotosíntesis?**

    a. Agua, tierra y aire
    b. Agua, CO_2 y luz solar
    c. Agua, CO_2 y tierra
    d. CO_2, H_2O y nutrientes

2. **¿Por qué las plantas reciben el nombre de autótrofos?**

    a. Procesan el dióxido de carbono
    b. Procesan su propio alimento
    c. Convierten la luz solar en glucosa
    d. Porque son estáticas y no pueden moverse de un lugar a otro por sí mismas

3. **¿Cuáles son las principales etapas de la respiración celular?**

    a. Ciclo de Krebs, Fosforilación oxidativa y glucolisis
    b. Fotosíntesis, glucólisis y quimiosmosis
    c. Fermentación láctica, fermentación alcohólica y respiración anaeróbica
    d. Respiración aeróbica, ciclo del carbono y ciclo del agua

4. **¿Cuáles son las estructuras celulares responsables de la captura solar en organismos fotosintéticos?**

    a. Ribosomas
    b. Clorofila
    c. Cloroplastos
    d. Lisosomas

5. **¿Cuál es la función principal de los alimentos en el proceso energético de los seres vivos?**

    a. Proporcionar nutrientes que se convierten en energía durante la respiración celular
    b. Suministrar clorofila a las plantas
    c. Proveer oxígeno para la respiración
    d. Estimular el funcionamiento de los organelos

6. **¿En cuál de los siguientes ambientes se procesa mejor el dióxido de carbono?**

   a. Ecosistema deforestado
   b. Ecosistema dañado por incendio forestal
   c. Bosque espeso con gran cantidad de árboles
   d. Selva talada para uso ganadero

7. **¿Cuál es la principal fuente de energía en el proceso de fotosíntesis?**

   a. Energía térmica
   b. Energía eléctrica
   c. Energía nuclear
   d. Energía solar

8. **¿Cuál es el papel central de la energía solar en la formación de ecosistemas?**

   a. Promueve la evaporación del agua
   b. Regula la temperatura del medio ambiente
   c. Provee luz para que los organismos realicen la fotosíntesis
   d. Las tres opciones anteriores

9. **¿Porque un oso polar no puede vivir de forma natural en la selva del amazonas?**

   a. Las condiciones ambientales son propicias para sobrevivir
   b. Su grueso pelaje necesita temperaturas bajo cero de la zona ártica
   c. Son carnívoros
   d. El cambio climático

10. **¿De qué bioma y país llegan las mariposas monarca y en qué Bioma hibernan en México?**

   a. Bosque templado en Canadá. Bosque de coníferas
   b. Desierto de Estados Unidos. Selva baja caducifolia
   c. Selva amazónica en Brasil. Selva alta perennifolia
   d. Tundra en Rusia. Desierto

MI PROYECTO DE CIENCIAS
PRIMER PARCIAL:
SIEMBRO Y CUIDO LOS ÁRBOLES

MIS PREGUNTAS

¿Por qué es importante sembrar árboles?

¿Qué objetivo tiene plantar árboles?

¿En que ambientes podemos sembrar árboles?

¿Qué especies de árboles se deben sembrar?

INFORMACIÓN

La reforestación de árboles con especies adecuadas a las condiciones ambientales de cada bioma tiene varios beneficios, desde proveer de alimentos para animales y humanos, limpiar el CO_2, captar agua para los acuíferos, regular la temperatura del ambiente, entre otros.

HIPÓTESIS

Algunos de los problemas relacionados con las altas temperaturas que se presentan en verano se pueden solucionar mediante la plantación de árboles. Ellos regulan la temperatura del suelo y aumentan las zonas de sombra para combatir el calor.

PROCEDIMIENTOS

Selecciona el sitio a reforestar y acude a tu municipio para obtener los árboles. Apóyate de los miembros de tu comunidad para que mediante el proyecto Aula-Escuela-Comunidad exista comunicación, intercambio de ideas y generen acuerdos para las fechas de reforestación. Definan el tipo de reforestación que deseen realizar y el diseño en el espacio seleccionado. Realicen la plantación y abonado orgánico de árboles correctamente para tener mejores resultados. Cada árbol deberá tener un hoyo de circunferencia y profundidad adecuada, (zanja o pozo) para retener el agua de riego y de lluvia y permita la reinfiltración. Posterior a la plantación, riega de acuerdo a las necesidades de cada especie.

Realiza investigación de los árboles que plantaste y sus necesidades de riego principalmente para dar atención y seguimiento.

RESULTADOS Y CONCLUSIÓN

Anota tus resultados y conclusión.

Apertura

La unidad fundamental de la vida es la célula; por tal motivo, es imprescindible su estudio para reconocer la capacidad que tiene al realizar funciones vitales por sí misma. Solo por referir algunas, podemos decir que son fundamentales en la nutrición al momento de absorber nutrientes de los alimentos, contienen material hereditario y tienen función estructural, reproductiva y de comunicación, entre otras.

La **fotosíntesis** es un proceso que realizan las plantas, algas y algunas bacterias que capturan la energía del sol para producir su propio alimento; por ello, reciben el nombre de organismos autótrofos. Este proceso es fundamental para la vida en la Tierra, ya que produce oxígeno necesario para la respiración de la mayoría de los organismos vivos, además de ser la base de la cadena alimentaria. Dentro de las células de las plantas se encuentran los cloroplastos; estos tienen clorofila, encargada de capturar la luz solar. Esta energía capturada es la responsable de transformar el CO_2 de la atmósfera y el agua que absorben las plantas del suelo en glucosa. La glucosa que se forma en la fotosíntesis es la base de la materia vegetal. A partir de ella, las plantas crean tejidos como las hojas, el tallo y las raíces. Esta materia vegetal sirve como fuente de alimento para la humanidad y para los animales.

Recordemos que las plantas, además de ser la base de la cadena alimentaria y suministrar la energía que impulsa todos los procesos metabólicos, ayudan a equilibrar el nivel de oxígeno y CO_2, además de mitigar el efecto invernadero y el cambio climático causado por gases contaminantes. Por esta razón, es importante cuidar la vegetación de nuestro entorno y de cualquier ecosistema que visitemos y, en la medida de lo posible, reforestar áreas perturbadas por fenómenos naturales o causados por la humanidad, con la finalidad de tener una mejor calidad de aire y, por supuesto, alimento y otros beneficios que nos aportan las plantas.

En la primera unidad, se sugiere realizar un proyecto de reforestación de un área perturbada o ecosistema que necesite regenerarse como actividad de concientización. Aunque México se considera un país con gran diversidad, está perdiendo áreas de bosque, selva y otros ecosistemas por incendios, tala clandestina o eliminación de ecosistemas para asentamientos humanos, entre otros.

Con la reforestación de ecosistemas inestables o áreas comunes se tienen beneficios para el ambiente, como conservar la biodiversidad de especies y prevenir la erosión del suelo. Para la humanidad, ayuda a disipar las altas temperaturas, principalmente en zonas urbanas donde el concreto acumula calor, al mismo tiempo que absorben CO_2 y lo convierten en oxígeno, mejoran la calidad del aire e influyen en la generación de lluvia, gracias al proceso de evapotranspiración que realizan las plantas.

Desarrollo

La célula, componente básico en los seres vivos

La teoría celular es un principio fundamental en biología que establece que la célula es la unidad estructural y funcional en todo ser vivo. La palabra «célula» fue utilizada por primera vez por el botánico inglés Robert Hooke en 1665, en su libro titulado Micrographia, para designar las primeras cámaras o alveolos que había observado al estudiar al microscopio delgadas láminas de tejidos vegetales.

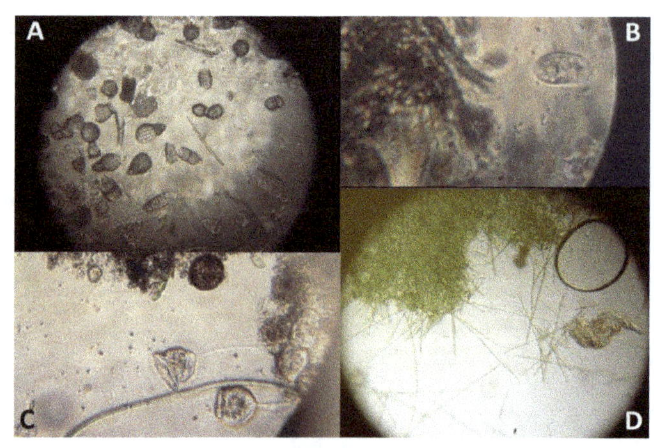

Fig. 1.1. Leeuwenhoek (siglo XVII). Los primeros microorganismos que observó en agua estancada.

Fig.1.2. Fundadores de la teoría celular.

En 1675, el holandés Antonie van Leeuwenhoek contribuyó al desarrollo de la biología celular con el descubrimiento de los microbios en el agua. Observó una gota de agua de estanque a través del microscopio y descubrió gran variedad de microorganismos unicelulares.

En 1831, el botánico inglés Robert Brown fue el primero en reconocer el núcleo celular y, en sus publicaciones sobre estudios realizados en vegetales, lo describió como una estructura central y pequeña. Esta característica es reconocida actualmente como universal en la mayoría de las células.

En 1839, Jan E. Purkinje, fisiólogo checo, acuñó el término «protoplasma» para designar el contenido celular. En 1838 y 1839, Matthias Schleiden, botánico, y Theodor Schwann, zoólogo, ambos de origen alemán, relacionaron todos los descubrimientos anteriores y los ampliaron con sus propias observaciones en tejidos vegetales y animales, respectivamente, lo que los llevó a elaborar la teoría celular. A mediados del siglo XIX, Rudolf Virchow aplicó la teoría celular al estudiar las células de tejidos enfermos.

Esta teoría constituye uno de los conceptos generales y fundamentales de la biología y establece que la célula es la unidad básica estructural y funcional de los seres vivos y que todos los organismos están constituidos por una o más células. La teoría celular considera los siguientes postulados:

1. Todos los seres vivos están formados por una o más células. En el caso de los protozoarios y bacterias, un organismo está formado por una sola célula; los seres vivos superiores están formados por muchas.
2. En las células se llevan a cabo todas las reacciones metabólicas. La actividad metabólica de un organismo en su conjunto es la suma ordenada y coordinada de todas las actividades metabólicas de sus células independientes.
3. Las células nuevas se forman por división de las células preexistentes. Estas contienen el material hereditario que dirige la división celular. Un organismo crece cuando sus células individuales se duplican.

Células procariotas y eucariotas

La célula es la forma más pequeña, pero básica de la vida. Todos los seres vivos están formados por una célula (**unicelular**) o más células (**pluricelular**). Las células se clasifican en dos grupos: procariotas y eucariotas. A continuación, se presentan las diferencias entre ambos grupos.

Células procariotas

Las células procariotas son las más diversas y, en su mayoría, viven como organismos unicelulares, aunque algunos se unen para formar cadenas, grupos u otras estructuras multicelulares organizadas. Se encuentran en una amplia gama de hábitats, desde charcos cálidos de barro volcánico hasta el interior de otra célula viva, y superan en cantidad a los demás organismos vivientes de la Tierra. Algunas son aeróbicas, es decir, utilizan el oxígeno para oxidar las moléculas de alimentos; otras son estrictamente anaeróbicas y mueren por la más leve exposición al oxígeno.

Algunas células procariotas, como las vegetales, llevan a cabo la fotosíntesis y obtienen la energía que necesitan para la biosíntesis a partir de la luz solar; otras producen la energía a partir de la reactividad química de sustancias inorgánicas del medio ambiente.

Las células procariotas se dividen en eubacterias y archaea. Las eubacterias habitan en el suelo y producen enfermedades. Las células archaea, además de encontrarse en el suelo, se encuentran en ambientes hostiles: algunas especies habitan en agua salada concentrada, en fuentes volcánicas de ácido caliente, en las profundidades de los sedimentos marinos sin aire, en el barro de las plantas de tratamiento de aguas, en estanques debajo de la superficie congelada de la Antártida y en el ambiente del estómago de la vaca, donde descomponen la celulosa y generan gas metano (Alberts *et al.*, 2004).

Células eucariotas

Las células eucariotas son más grandes y complejas que las bacterias y las archaea. Algunas llevan una vida independiente como organismos unicelulares, por ejemplo, las amebas y las levaduras; otras forman agrupaciones pluricelulares. Los organismos pluricelulares más complejos, como las plantas, los animales y los hongos, están formados por células eucariotas.

En las células eucariotas, en el núcleo se almacena la información de la célula. Las mitocondrias generan energía utilizable del alimento para proporcionársela a la célula. Los cloroplastos capturan la energía solar, mientras que las membranas internas crean compartimentos intracelulares con diferentes funciones. El citosol es un gel acuoso concentrado de moléculas grandes y pequeñas. El citoesqueleto es responsable de dirigir los movimientos celulares. El citoplasma dista de ser estático. Se cree que las células eucariotas pudieron haberse originado como depredadores. Todas las células eucariotas tienen un solo núcleo (Alberts *et al.*, 2004).

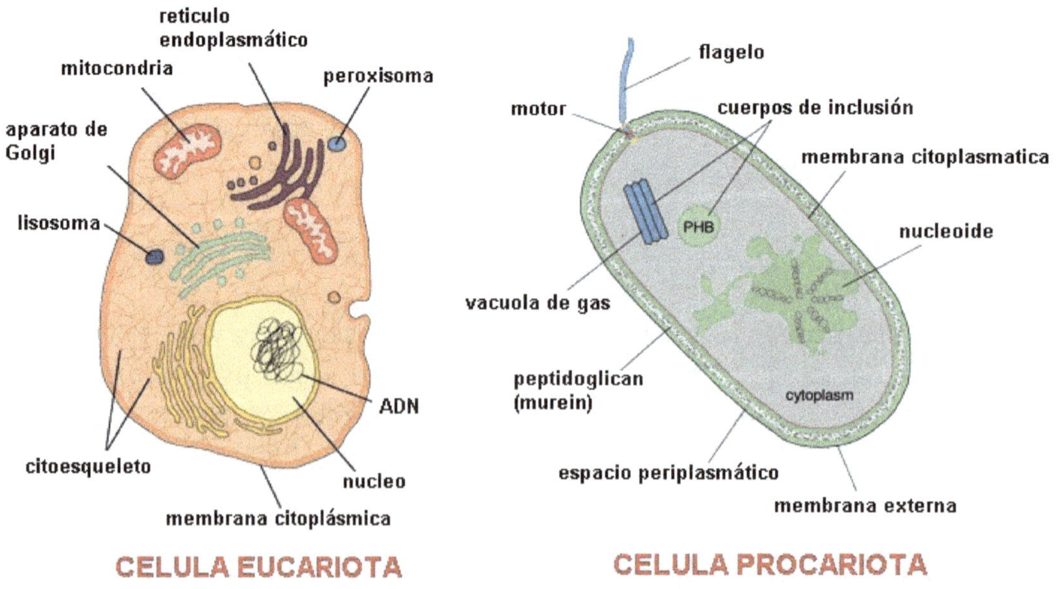

Fig. 1.3. Diferencia entre célula eucariota y procariota.

Actividad 1. La ciencia e ingeniería en tu formación

El microscopio óptico y su uso en la visualización de la epidermis de cebolla

Propósito: Reconocer las partes del microscopio óptico para un manejo adecuado en la observación de preparaciones microscópicas.

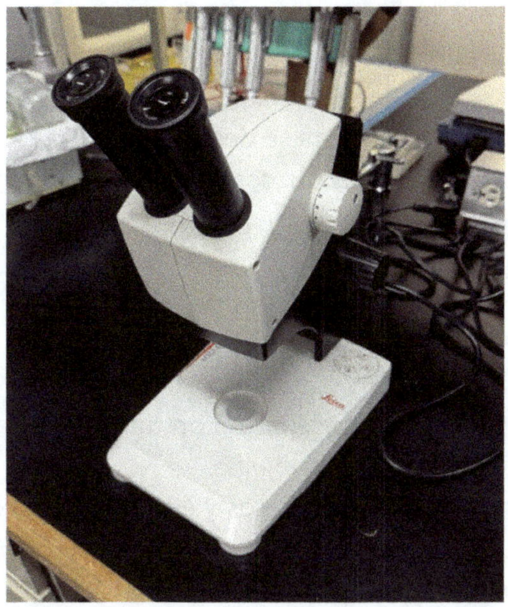

Recupera y refuerza conocimientos: Para desarrollar la actividad, recupera tus conocimientos previos, observa el esquema que se muestra con cada una de las partes del microscopio óptico e investiga en fuentes confiables la función de cada una de ellas y el uso del microscopio.

Parte	Función
Oculares	
Objetivo	
Revólver	
Tubo	
Platina	
Condensador	
Fuente de luz	
Lente colectora	
Base	
Columna	

Materiales

1. Microscopio óptico
2. Portaobjetos y cubreobjetos
3. Muestra de tejido vegetal de cebolla
4. Pipeta o cuentagotas
5. Solución salina

Preparación del microscopio

1. Colocar el microscopio en la mesa de laboratorio o en superficie plana y estable
2. Encender la fuente de luz del microscopio y ajustar la intensidad luminosa de acuerdo a las necesidades

Montaje de la muestra

1. Agregar 2 gotas de solución salina al portaobjetos
2. Extraer una capa de cebolla y separar con una pinza la capa más delgada
3. Colocar la muestra sobre portaobjetos
4. Tapar la muestra con el cubreobjetos y eliminar el exceso de líquido

Observación de la muestra

1. Ajustar la distancia entre el objetivo y la muestra utilizando el tornillo macrométrico
2. Observar la muestra
3. Explorar diferentes áreas para identificar estructura, forma y distribución de las células y partes de esta.

Observaciones

Registrar detalladamente las características observadas de la muestra (forma, tamaño y distribución).

____

____

Realizar dibujos o tomar fotografías de las partes identificadas para redactar tu conclusión.

Conclusión

____

____

Estructuras celulares responsables de capturar la luz solar

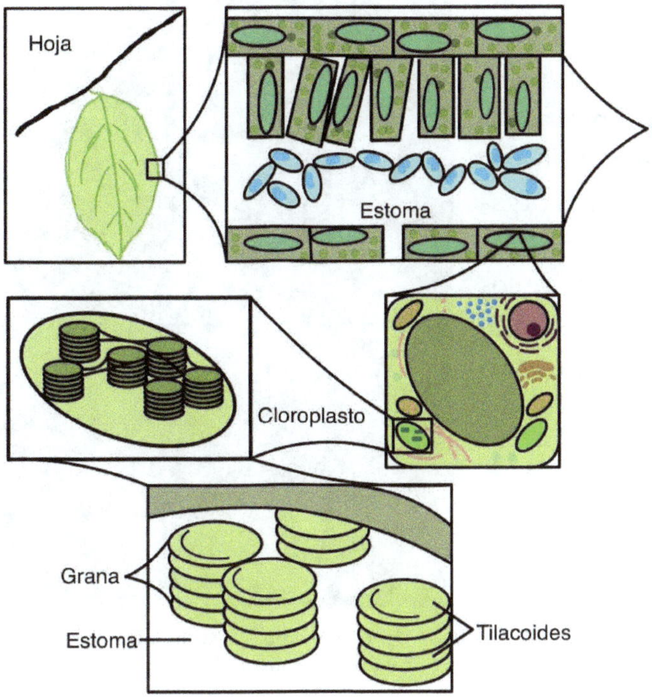

Fig. 1.4. Organelos importantes durante la fotosíntesis.

Las plantas son conocidas como autótrofas por su capacidad para sintetizar su propio alimento, es decir, producen compuestos orgánicos complejos utilizando la energía del Sol, agua y CO_2 en el proceso de fotosíntesis que se lleva a cabo en los tejidos verdes, especialmente en el mesófilo de las hojas.

Las células mesófilas contienen cloroplastos; estos organelos celulares tienen la función de llevar a cabo las reacciones de la fotosíntesis. En el interior de cada cloroplasto se encuentran los tilacoides, estructuras agrupadas que se conocen como granas. Las membranas de los tilacoides tienen un pigmento verde conocido como clorofila, cuya función es absorber la luz del Sol. Alrededor de las granas existe un espacio con líquido conocido como estroma, y en el interior de los discos tilacoides se encuentra el espacio tilacoidal.

Las heliobacterias contienen bacterioclorofilas que tienen la particularidad de absorber los rayos infrarrojos. Existen dos clases de pigmentos no clorofílicos que intervienen en la captura de energía luminosa: los carotenoides, que dan su color a las algas pardas y a las hojas de los árboles en otoño, y las ficobiliproteínas, presentes en las algas rojas y las cianobacterias.

¿Cómo forman materia vegetal los organismos fotosintéticos?

Sabemos que los cloroplastos son la sede de la fotosíntesis y que la clorofila es una molécula que absorbe una parte del espectro luminoso. En particular, absorbe las longitudes de onda azul y roja, lo que da lugar al color verde-amarillo de la luz reflejada que percibimos en el pigmento de las hojas de las plantas.

Las plantas absorben el agua y minerales por medio de las raíces, capturan el CO_2 de la atmósfera y utilizan la energía solar para sintetizar moléculas orgánicas como la glucosa. Posteriormente, esta glucosa se convierte en almidón, celulosa y otros compuestos esenciales para la estructura y tejidos de la planta. La materia vegetal formada es utilizada en el crecimiento de tallos, hojas, flores, frutos y raíces que a su vez constituyen la base alimenticia de otros organismos de la cadena alimentaria, incluyendo a la humanidad.

Fig. 1.5. Carotenoides presentes en árboles en otoño.

Importancia de la fotosíntesis en la tierra

Dada la cantidad de dióxido de carbono (CO_2) que existe en la atmosfera como resultado de la combustión, la actividad industrial, las diversas actividades humanas y la actividad agrícola; las plantas, algas y bacterias cumplen una función relevante al momento de retirar y aspirar grandes cantidades de dióxido de carbono de la atmósfera y convertir en O_2 liberado y utilizado por otros organismos en la respiración celular.

Por tal motivo, resulta importante la conservación de los bosques, selvas y espacios de vegetación tanto en el medio rural como en el urbano para mitigar el aumento de dióxido de carbono y evitar tanto la retención de calor como cambios abruptos del clima más severos de lo que actualmente tenemos.

Fig. 1.6. Los árboles regulan la temperatura y combaten el cambio climático.

Cierre

Actividad 2. Con tus conocimientos asimilados, resuelve el siguiente crucigrama

Horizontales	Verticales
1. Para las plantas y algas, la fotosíntesis se lleva a cabo en los...	1. Resultado de la fotosíntesis
2. Es la principal fuente de energía en la fotosíntesis	2. Molécula que absorbe una parte del espectro luminoso, absorbe las longitudes de onda azules y rojas
3. La realizan las plantas, algas, bacterias fotosintéticas y algunos protistas como las diatomeas	3. Dan su color a las algas pardas y a las hojas de los árboles en otoño

Progresión 2. A través de las reacciones químicas involucradas en la respiración celular de plantas y animales, las moléculas de los alimentos se rompen y se liberan energía útil para los seres vivos

Apertura

Las reacciones químicas son fundamentales para la transformación de la materia y la liberación o absorción de energía. Durante estos procesos, unas sustancias se convierten en otras nuevas mediante interacciones entre moléculas, iones y átomos. Algunas reacciones químicas ocurren de manera espontánea, como la fotosíntesis, mientras que otras requieren la intervención humana, como en la producción de materiales, productos y medicamentos que utilizamos diariamente.

Un ejemplo de reacciones químicas en los seres vivos es la respiración celular, un proceso que ocurre en la mayoría de las células y permite a los organismos descomponer la glucosa para obtener energía. La respiración celular puede ser de dos tipos: aerobia y anaerobia.

- Respiración aeróbica: Requiere oxígeno. En este proceso, la glucosa reacciona con el oxígeno, produciendo ATP como fuente de energía, además de dióxido de carbono (CO_2) y agua (H_2O) como subproductos.
- Respiración anaeróbica: No utiliza oxígeno. En este caso, la glucosa se descompone generando ATP y otros productos, como ácido láctico en los animales o etanol y dióxido de carbono en las levaduras.

La respiración celular ocurre tanto en plantas como en animales y es esencial para la vida. A través de este proceso, las células descomponen las moléculas de los alimentos (principalmente la glucosa) para liberar la energía necesaria en funciones vitales como el crecimiento, el movimiento y la reproducción.

Desarrollo

¿Qué es la respiración celular?

Es el proceso que hace posible la vida, mediante el cual los organismos obtienen energía por medio de los alimentos. La respiración celular está ocurriendo en cada una de nuestras células, en las células de los animales y en las células de las plantas, y nos proporciona la energía que necesitamos para movernos, ejercitarnos o realizar un trabajo.

La respiración celular se lleva a cabo por medio de reacciones químicas al interior de las células. Estas reacciones químicas liberan energía que nuestro cuerpo puede utilizar. El proceso de respiración celular en plantas y animales se ejemplifica en la siguiente reacción:

Reacción química de la respiración celular

$C_6H_{12}O_6 + 6O_2 \rightarrow 6CO_2 + 6H_2O$

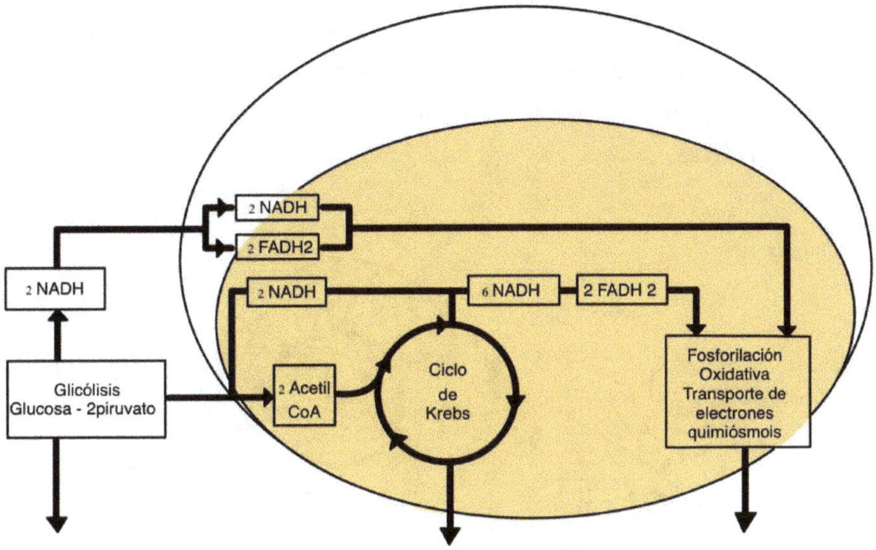

Fig. 1.7. La respiración celular.

Del lado izquierdo de la ecuación química se encuentran los **reactivos:** la glucosa que proviene de los alimentos y el oxígeno que respiramos. Del rompimiento de estas moléculas ($C_6H_{12}O_6+6O_2$) se obtienen los **productos** reorganizados en dióxido de carbono y agua ($6CO_2+6H_2O$). Este proceso libera energía de forma similar a la combustión de la leña cuando se quema.

En el caso de las plantas, la energía liberada se transforma en su mayoría en ATP y es utilizada para el crecimiento de los órganos vegetales, el mantenimiento de las estructuras existentes, el transporte de metabolitos e iones, la regeneración de proteínas y los procesos de reparación.

Durante la respiración celular, una molécula de glucosa se degrada poco a poco en dióxido de carbono y agua. Al mismo tiempo, se produce un poco de ATP en las reacciones que transforman la glucosa. Más tarde, se produce mucho más ATP en un proceso llamado fosforilación oxidativa. La fosforilación oxidativa es impulsada por el movimiento de electrones a través de la cadena de transporte de electrones, una serie de proteínas incrustadas en la membrana interna de la mitocondria.

Los electrones provienen originalmente de la glucosa y se trasladan a la cadena de transporte de electrones con ayuda de los acarreadores de electrones NAD+ (nicotinamida adenina dinucleótido o niacina, niacinamida o nicotinamida) y FAD (Flavina adenina dinucleótido), que se convierten en NADH y $FADH_2$ cuando adquieren esos electrones.[1]

De forma resumida:

- +NADH o +$FADH_2$
- $NAD^+ + 2e^- + 2H^+ \rightarrow NADH + H^+$
- $FAD + 2e^- + 2H^+ \rightarrow FADH_2$

1 https://es.khanacademy.org/science/biology/cellular-respiration-and-fermentation

¿Dónde se lleva a cabo la respiración celular?

Te imaginas ¿qué sucede con los alimentos que consumimos a diario?, es decir una fruta, una ensalada, un guisado o un antojito mexicano. Bueno, pues los alimentos que entran a nuestro cuerpo se descomponen en pequeñas moléculas durante el proceso digestivo. Estas moléculas que contienen glucosa entran a la célula y empieza la respiración celular. La primera serie de reacciones químicas tiene lugar en el citosol (líquido gelatinoso que contiene todos los organelos de la célula), el resto de las reacciones se producen en las mitocondrias.

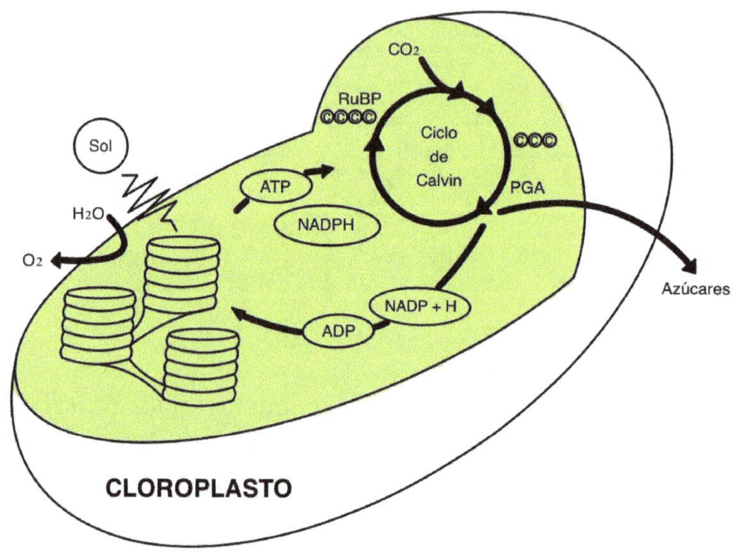

Fig. 1.8. Partes del cloroplasto.

Actividad 1. Analiza la diferencia entre la célula vegetal y la célula animal. Anota cada una de las partes de la célula

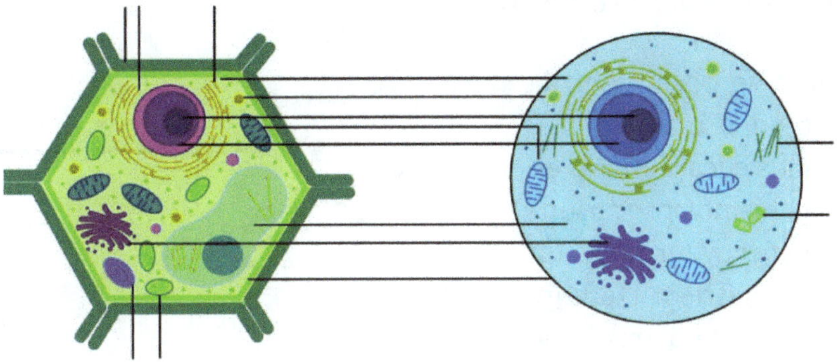

Célula vegetal Célula animal

Etapas de la respiración celular

Es importante analizar la forma en la que una molécula de glucosa se convierte en dióxido de carbono y cómo se recolecta su energía en forma de ATP y NADH/FADH2 en una de las células de nuestro cuerpo. Para ello es importante describir las cuatro etapas de la respiración celular.

1. *Glucólisis*

Es el primer paso de la respiración celular y se lleva a cabo en el **citoplasma** de la célula. La glucosa que tiene seis carbonos se convierte en 2 piruvatos (de tres carbonos cada uno) y se obtiene ATP y NADH. Estas reacciones ocurren en el **citosol**. La glucólisis se divide en dos fases: La fase que requiere energía, donde la molécula inicial de glucosa se reordena y se le añaden dos grupos fosfato; estos causan inestabilidad en la molécula modificada (fructosa 1,6 bifosfato) lo que permite que se divida en dos mitades y forme dos azúcares fosfatados de tres carbonos. La fase en la que se libera energía, cada azúcar de tres carbonos se convierte en otra molécula de tres carbonos, piruvato, mediante una serie de reacciones, las cuales producen dos moléculas de ATP y una de NADH. Esta fase ocurre dos veces, una por cada dos azúcares de tres carbonos, por lo tanto, resultan cuatro moléculas de ATP y dos de NADH en total.

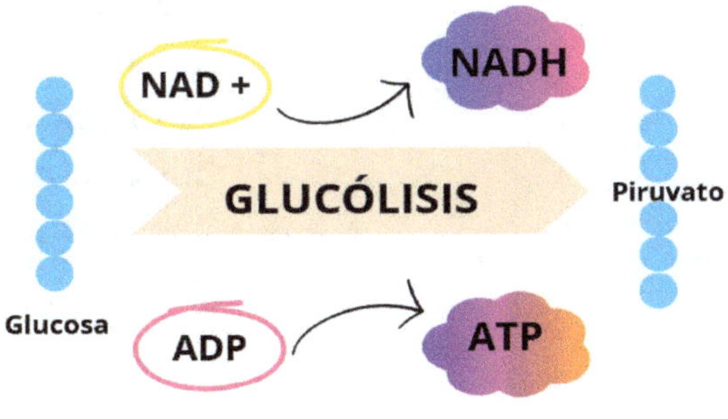

Fig. 1.9. Reacciones químicas de la glucólisis.

2. *Oxidación del piruvato*

El piruvato viaja a la matriz mitocondrial y se convierte en una molécula de dos carbonos unida a la coenzima A llamada acetil-CoA. Se libera dióxido de carbono y se produce NADH.

Ciclo de Krebs (Ciclo de ácido cítrico)

El ciclo de Krebs, como se observa en la imagen, se lleva a cabo en la matriz mitocondrial de los organismos eucariontes o en el citoplasma de los organismos procariontes y es un proceso que inicia y termina con la misma sustancia ácido cítrico. Durante el ciclo, el ácido pirúvico pasa a través de una serie de nueve reacciones controladas por diferentes enzimas. El acetil-CoA se combina con una molécula de cuatro carbonos y atraviesa el ciclo de reacciones para finalmente regenerar la molécula inicial de cuatro carbonos. En el proceso se genera ATP (o GTP en algunos casos), NADH y FADH_2 y se libera dióxido de carbono y energía.

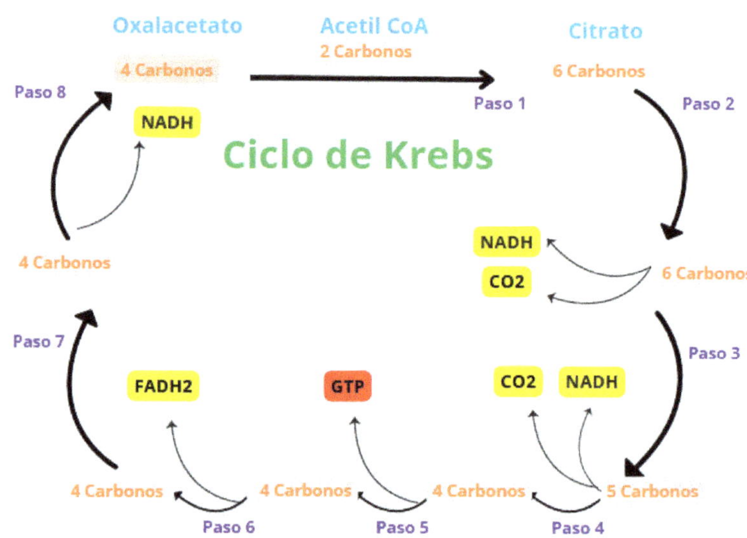

Figura 1.10. El ciclo de Krebs o ciclo del ácido cítrico.

3. *Fosforilación oxidativa*

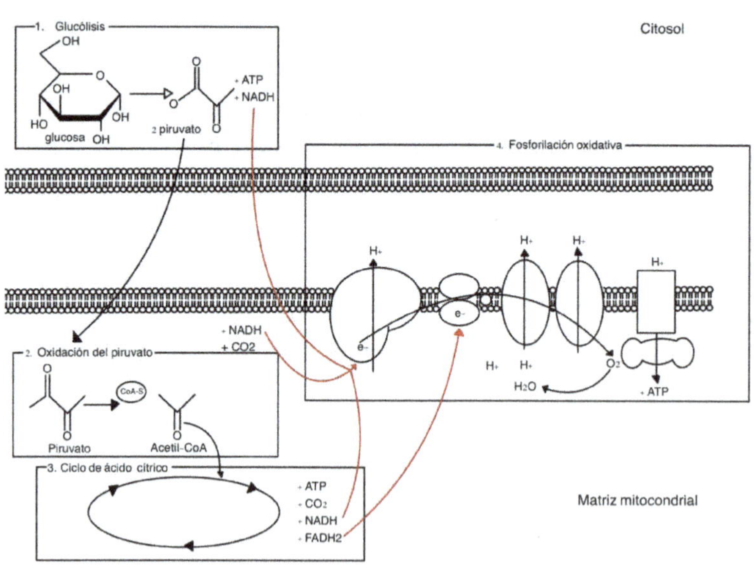

Fig. 1.11. Pasos de la respiración celular.

El NADH y el FADH_2 producidos en pasos anteriores depositan sus electrones en la cadena de transporte de electrones dentro de la membrana interna de la mitocondria, ver figura 1.11. El movimiento de los electrones por la cadena libera energía que se utiliza para bombear protones desde la matriz hacia el espacio intermembranal, con lo que se forma un gradiente. Los protones fluyen de regreso hacia la matriz a través de una enzima llamada ATP sintasa, para generar ATP. Al final de la cadena de transporte de electrones, el oxígeno recibe los electrones y recoge protones del medio para formar agua.

Actividad 2. Con tus conocimientos asimilados contesta correctamente y encuentra la palabra oculta

Respiración celular

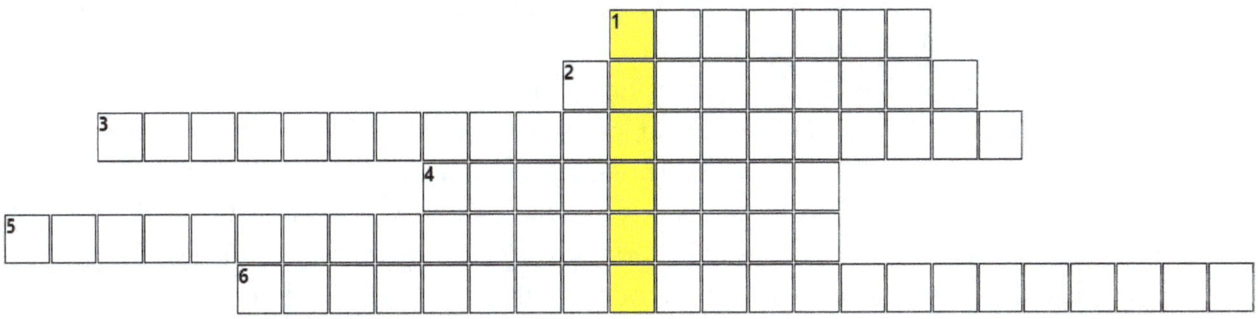

1. Primera serie de reacciones quimicas	2. Glucosa y oxígeno
3. Se libera dioxido de carbono y se produce NADH	4. Dióxido de carbono y agua
5. Obtienen energia por medio de los alimentos	6. Impulsada por el movimiento de electrones

Los alimentos y el proceso energético

Fig. 1.12. Lípidos, proteínas y carbohidratos presentes en alimentos de origen vegetal y animal.

Los seres humanos necesitamos consumir alimentos para obtener energía y nutrientes que nos permitan realizar nuestras funciones vitales. Las moléculas alimenticias juegan un papel importante en nuestro proceso energético, ya que son la fuente principal para la respiración celular. Obtenemos moléculas orgánicas a través de una dieta variada que incluye frutas, verduras, semillas y alimentos de origen animal. Pero, alguna vez te has preguntado: ¿cómo se obtiene energía de las moléculas orgánicas?

El metabolismo tiene dos fases complementarias. El **catabolismo** libera energía al degradar moléculas complejas en componentes más pequeños. Por otro lado, el **anabolismo** consiste en la síntesis de moléculas complejas a partir de componentes más sencillos. Las reacciones anabólicas dan lugar a la formación de proteínas, ácidos nucleicos, lípidos, polisacáridos y otras moléculas que ayudan a mantener la vida de la célula o del organismo. Casi todas las reacciones anabólicas son endergónicas, es decir, absorben energía, por lo que requieren una fuente de energía para llevarse a cabo, como el ATP.

Las moléculas complejas de los alimentos se degradan mediante la digestión hasta componentes más simples que son absorbidos en la sangre y transportados a todas las células. Los procesos catabólicos que convierten la energía de los enlaces químicos de los nutrientes en energía química almacenada en el ATP tienen lugar dentro de las células, por lo general mediante un proceso conocido como **respiración celular** (Angulo *et al.*, 2012).

La glucosa es la principal molécula utilizada en la respiración celular y es metabolizada en la glucólisis. Este proceso convierte la glucosa (y otros azúcares relacionados) en piruvato, liberando pequeñas cantidades de energía en forma de ATP y transportadores de electrones como el NADH. Posteriormente el piruvato entra en el ciclo de Krebs donde se completa la oxidación de los grupos acetil y se produce más ATP, NADH y $FADH_2$.

Los **lípidos** son moléculas fundamentales en el metabolismo energético del cuerpo humano. Se almacenan principalmente en el tejido adiposo, pero también pueden encontrarse en otras células, como las del hígado (hepatocitos) y el músculo (miocitos), en forma de gotas lipídicas. Cuando el cuerpo necesita energía, los triglicéridos almacenados se degradan mediante lipólisis en glicerol y ácidos grasos. Los ácidos grasos entran en la beta-oxidación, un proceso metabólico en la mitocondria. En la beta oxidación, los ácidos grasos se descomponen en ácetil-CoA que ingresa al ciclo de Krebs, donde se genera ATP y transportadores de electrones (NADH y $FADH_2$) utilizados en la cadena de transporte de electrones para la producción de más ATP.

Los **carbohidratos** son biomoléculas compuestas principalmente por carbono, hidrógeno y oxígeno. Son una fuente primordial de energía para las células y desempeñan funciones estructurales y de reconocimiento celular. Los principales son glucosa, sacarosa y almidón. La glucosa es el principal combustible celular, utilizada en la respiración celular para la producción de ATP. Se almacena en forma de glucógeno en animales y almidón en plantas.

Las **proteínas** proporcionan la estructura celular, mandan señales químicas y aceleran las reacciones químicas, entre otras funciones. Los **ácidos nucleicos** (ADN y ARN) guardan y transmiten la información genética.

Cierre

Actividad 3. Indica si los siguientes enunciados son verdaderos o falsos

1.	La respiración celular y la fotosíntesis son procesos sin relevancia y sin conexión	
2.	La glucosa y el oxígeno son los reactivos de la respiración celular	
3.	La respiración celular consta de siete etapas	
4.	En la glucolisis, se obtiene ATP y NADH.	
5.	El oxígeno y el agua son productos de la respiración celular $6CO_2+6H_2O$	
6.	La célula vegetal y la célula animal son iguales	
7.	Durante la oxidación del piruvato se libera dióxido de carbono y se produce NADH	
8.	La primera serie de reacciones químicas de la respiración celular tiene lugar en el citosol	

Progresión 3. Durante la fotosíntesis el dióxido de carbono y el agua se combinan para formar moléculas orgánicas que contienen carbono y liberan oxígeno, estas reacciones requieren energía solar y producen azúcares

Apertura

Las plantas, algas y algunas bacterias desempeñan un papel fundamental en la vida en la Tierra. A través de la fotosíntesis, producen el oxígeno que necesitamos para respirar, al igual que los animales. En particular, las plantas no solo generan oxígeno, también proporcionan alimento tanto para los animales como para los seres humanos. Además, son fuente de materias primas utilizadas en la elaboración de medicamentos, productos de belleza, muebles, esencias, utensilios de cocina, entre otros. Durante la fotosíntesis, también contribuyen a la absorción del CO_2, ayudando a regular el equilibrio de los gases en la atmósfera.

Existe una interdependencia entre las plantas y la humanidad para la sostenibilidad de la vida en la tierra. Sin embargo, las plantas son esenciales en los ecosistemas, ya que, al ser organismos autótrofos, elaboran su propio alimento y forman la base de las cadenas alimenticias. La energía química que almacenan se transfiere a los animales y a los seres humanos a través del consumo de alimentos de origen vegetal, ya sea de manera directa o indirecta.

Cuidar las plantas en cualquier ecosistema o fomentar su siembra en jardines, parques, camellones, escuelas y otros espacios públicos es una forma efectiva de preservar el medioambiente. Al hacerlo, garantizamos la purificación del aire, la fertilidad del suelo, la reducción de la erosión, la recarga de los mantos acuíferos y la conservación de la biodiversidad. Además, los árboles, como reguladores naturales de la temperatura, ofrecen refugio a diversas especies y contribuyen significativamente a la lucha contra el cambio climático.

Fig. 1.13. Beneficios de los ecosistemas a la humanidad.

Desarrollo

Fotosíntesis

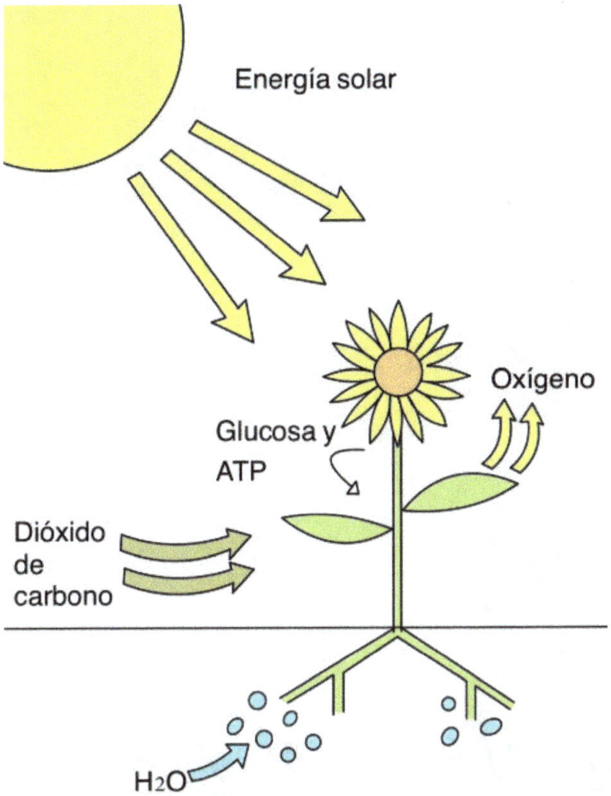

Fig. 1.14. Factores que favorecen la fotosíntesis.

La **fotosíntesis** es un proceso físico-químico fundamental realizado por las plantas, algas, bacterias fotosintéticas (como las cianobacterias) y algunos protistas como las diatomeas. A través de este mecanismo, estos organismos utilizan la luz del sol para sintetizar compuestos orgánicos, transformando la energía solar en energía química como se observa en la imagen. En términos generales, la fotosíntesis permite la conversión del dióxido de carbono (CO_2) y el agua (H_2O) en glucosa ($C_6H_{12}O_6$) y oxígeno (O_2), como se muestra en la siguiente ecuación química:

$$6CO_2 + 6H_2O + luz \rightarrow C_6H_{12}O_6 + 6O_2$$

La fotosíntesis es un proceso vital, ya que constituye la base de las cadenas tróficas al proporcionar materia orgánica y oxígeno, elementos esenciales para la vida en la Tierra. Gracias a este mecanismo, los organismos autótrofos sustentan a los heterótrofos, incluidos los seres humanos, quienes dependen de la energía almacenada en los compuestos orgánicos para el crecimiento, desarrollo y reproducción. Además, la fotosíntesis desempeña un papel crucial en el equilibrio del ciclo del carbono y en la regulación del oxígeno atmosférico, siendo clave para la estabilidad climática del planeta.

Aunque los organismos fotosintéticos eliminan parte del dióxido de carbono atmosférico generado por las actividades humanas, el aumento continuo de sus niveles retiene el calor y provoca cambios en el clima. Por ello, es fundamental fomentar una cultura de cuidado de los árboles y reforestación en espacios rurales y urbanos donde antes hubo vegetación, permitiendo que las plantas contribuyan a la reducción del CO_2 en la atmósfera a través del proceso de fotosíntesis.

Fig. 1.15. Los incendios forestales emiten CO_2 al ambiente.

Actividad 1. Recapitula conocimientos previos del tema de fotosíntesis para completar el esquema

Actividad 2. De forma individual contesta las siguientes preguntas

1. ¿Cuáles son los beneficios que obtenemos del proceso de fotosíntesis?

2. ¿Por qué a las plantas se considera organismos autótrofos?

3. ¿Por qué se llama fase fotoquímica de la fotosíntesis?

4. ¿Cuál es la función de la clorofila en el proceso de fotosíntesis?

5. ¿Qué otro nombre recibe la fase oscura de la fotosíntesis?

6. ¿Cómo se llama el gas que se emite a la atmósfera cuando se presentan incendios forestales?

7. Menciona algunos hábitos que se podrían implementar para reducir el exceso de CO_2 emitido a la atmósfera.

8. ¿Cuál es el nombre de los orgánulos de las células vegetales donde ocurre la fotosíntesis?

9. ¿Qué molécula actúa como transportador de electrones?

10. ¿Qué proceso utiliza la energía solar para dividir moléculas de agua en oxígeno?

Fases de la fotosíntesis

Fase luminosa

La fase luminosa de la fotosíntesis también se conoce como fase fotoquímica porque las reacciones dependientes de la luz utilizan energía lumínica, tal y como se observa en la imagen. Esta fase inicia cuando el agua es absorbida por las raíces de las plantas y llega a las membranas de los **tilacoides**. La clorofila absorbe la energía de los rayos del sol y la convierte en energía química mediante la formación de ATP (molécula de almacenamiento de energía) y NADPH (molécula que actúa como transportador de electrones de alta energía).

La fotólisis del agua es una reacción, donde la energía solar se utiliza para dividir moléculas de agua (H_2O) en protones (H^+), electrones (e^-) y oxígeno (O_2).

Los estomas liberan oxígeno al medio ambiente.

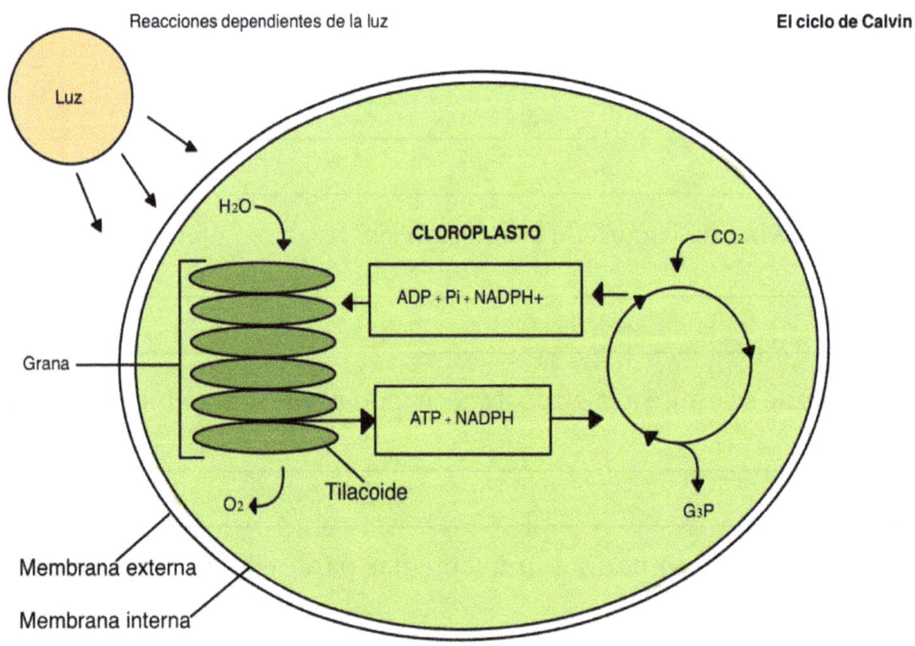

Fig. 1.16. Proceso de la fotosíntesis.

Fase oscura o Ciclo de Calvin

La fase oscura, a pesar de su nombre, no ocurre exclusivamente en la oscuridad. Se denomina así porque no requiere directamente la energía luminosa para llevarse a cabo, sino que utiliza los productos generados en la fase luminosa (ATP y NADPH). Este proceso ocurre en el estroma del cloroplasto y tiene como función principal la fijación del dióxido de carbono (CO_2) para la síntesis de carbohidratos como la glucosa.

Durante esta fase, el CO_2 atmosférico ingresa a la planta a través de los estomas y se transporta hasta el estroma del cloroplasto, donde la enzima ribulosa-1,5-bifosfato carboxilasa/oxigenasa (Rubisco) desempeña un papel crucial en la fijación del carbono. Para la síntesis de una molécula de glucosa ($C_6H_{12}O_6$), el ciclo de Calvin debe completar seis vueltas, fijando seis moléculas de CO_2 y consumiendo 18 ATP y 12 NADPH. El ciclo de Calvin no solo es crucial para la producción de azúcares, sino que también proporciona intermediarios metabólicos utilizados en la biosíntesis de otros compuestos esenciales, como aminoácidos, lípidos y nucleótidos.

Reacción dependiente de la luz			Ciclo de Calvin o fase oscura		
Luz solar + agua	→	ATP + NADPH	ATP + NADPH	→	AZÚCAR
	O_2 liberado			CO_2 fijado en G3P	

El ciclo de Calvin consta de tres etapas principales como se observa en la figura 1.17

1. **Fijación del carbono:** La enzima Rubisco cataliza la fijación de tres moléculas de CO_2 a tres moléculas de ribulosa-1,5-bifosfato (RuBP), generando seis moléculas de 3-fosfoglicerato (3-PGA).
2. **Reducción:** Las moléculas de 3-PGA son transformadas en 1,3-bifosfoglicerato por acción del ATP. Posteriormente, el NADPH reduce el 1,3-bifosfoglicerato a gliceraldehído-3-fosfato (G3P). De las seis moléculas de G3P producidas, una se destina a la síntesis de glucosa y otros compuestos orgánicos.
3. **Regeneración:** Las cinco moléculas restantes de G3P se reorganizan, con el consumo de ATP, para regenerar tres moléculas de RuBP, permitiendo que el ciclo continúe.

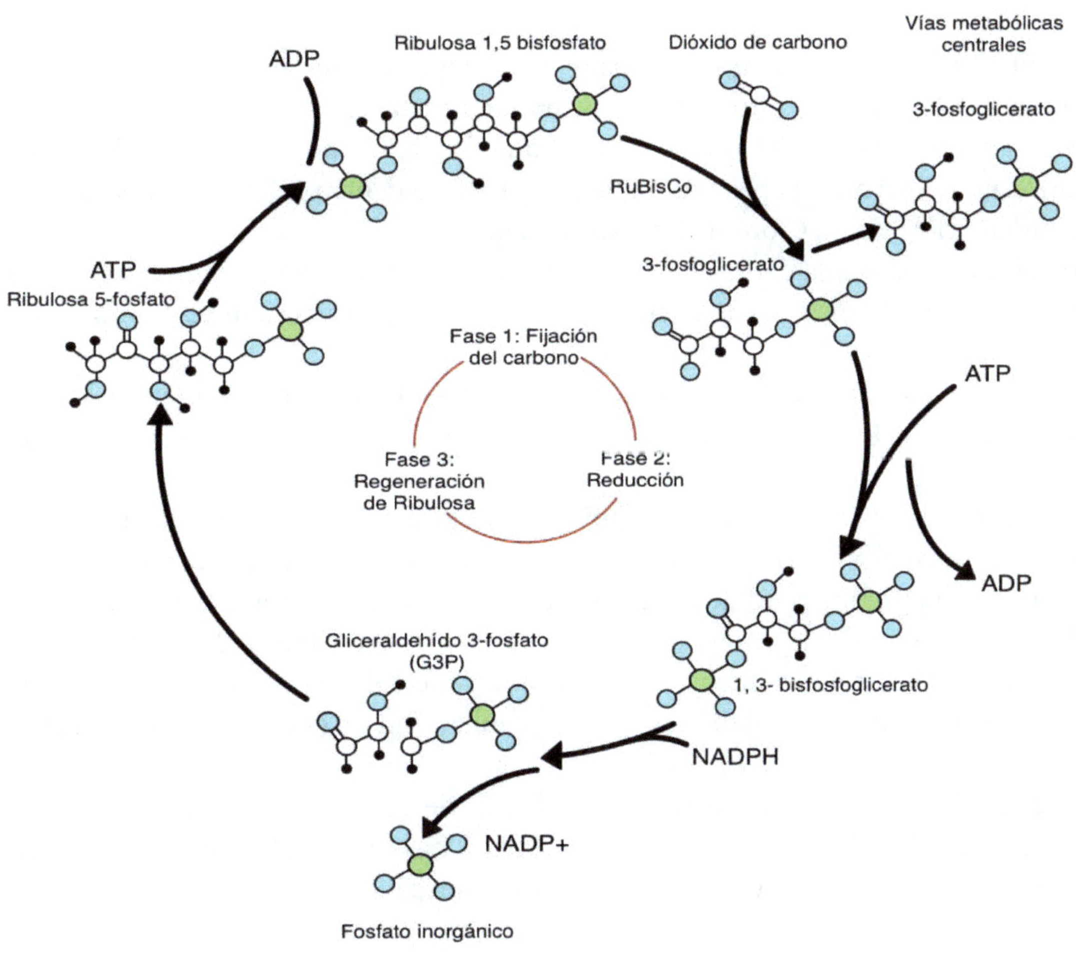

Fig. 1.17. Resumen de la fotosíntesis.

Cierre

Actividad 3. Práctica de ingeniería. Extracción de pigmentos fotosintéticos

Objetivo

Identificar el proceso de fotosíntesis mediante la técnica de cromatografía en papel con hojas de espinacas:

Materiales		
Hojas de espinacas	Vaso de precipitado	Papel filtro
Hojas de lechuga romana	Embudo de plástico	Cinta adhesiva
Mortero	100 gr de arena	Tira de papel filtro watman de 3 mm para cromatografía
45 ml de alcohol del 96	Tubo de ensayo	Tijeras
Matraz	10 ml de gasolina de 95 octanos	

Procedimiento

Picar finamente las hojas de espinacas con las tijeras y colocar en el mortero, agregar 1 cucharada de arena y 5 ml de alcohol de 96^0. Triturar hasta formar una pasta homogénea y agregar 25 ml de alcohol. Colocar un papel filtro dentro del embudo e introducirlo dentro de un matraz Erlenmeyer. Vaciar la mezcla sobre el embudo con el papel filtro para que esta caiga dentro del matraz (decantar). La solución obtenida contiene clorofila A, Clorofila B y carotenoides.

Para separar la clorofila del resto de los pigmentos, se prepara una mezcla agregando 10 ml de la solución en un tubo de ensayo y añadiendo 2 ml de gasolina. Agitar la mezcla varias veces y se deja reposar 5 minutos.

Por diferencia de densidad, en la parte superior del tubo de ensayo se separa la gasolina teñida de color verde intenso (clorofila) y en la parte inferior y de color amarillo, el alcohol con los pigmentos carotenoides.

Para separar los distintos pigmentos por cromatografía de papel, se utilizan 20 ml del extracto de las espinacas, se coloca en un vaso de precipitado, se recorta una tira rectangular de papel filtro de 3 mm de la misma profundidad del vaso. Esta tira se sujeta con cinta adhesiva de forma vertical al centro del matraz, con la ayuda de un lápiz. El lápiz se coloca en el borde del vaso, de forma horizontal, cuidando que la tira de papel filtro quede centrada dentro del vaso inmersa dentro del líquido. Se dejan 30 minutos para que el alcohol ascienda por capilaridad en el papel filtro. Saca el papel filtro y deja secar.

Observa 4 distintos colores que se tiñeron: Banda de color verde obscuro corresponde a la clorofila B. Color verde claro Clorofila A. Sobre la clorofila A hay una banda amarillenta corresponde a las xantofilas. La banda superior corresponde a los carotenoides

Anota los resultados

Conclusiones

Resultados del experimento

Carotenoides
Xantofilas
Clorofila A
Clorofila B

Progresión 4. La energía solar se distribuye en el planeta, las condiciones físicas del ambiente (temperatura y la precipitación) dan lugar a diferentes formas de vida

Apertura

La energía solar es una fuente fundamental de energía que ha sido aprovechada por la humanidad desde tiempos remotos. Además de calentar el planeta, desempeña un papel esencial en numerosos procesos naturales, como la evaporación del agua, la fotosíntesis, la circulación atmosférica y la regulación del ciclo hidrológico. Gracias a la radiación solar, es posible la existencia de vida en la Tierra tal como la conocemos.

Cuando la energía solar interactúa con los factores climáticos y ambientales, influye en la diversidad de ecosistemas del planeta. Dependiendo de la cantidad de radiación que recibe una región, se pueden encontrar desde áridos desiertos, como el de Sonora en México o el Sahara en África, hasta exuberantes selvas, como la del Amazonas en Brasil o la Selva Lacandona y de los Chimalapas en México. La variabilidad en la recepción de la energía solar ha permitido el desarrollo de diferentes hábitats, que a su vez proporcionan recursos naturales esenciales para la humanidad.

La radiación solar no se distribuye de manera uniforme en todo el planeta. Su intensidad y disponibilidad dependen de múltiples factores, como la latitud, la altitud, el relieve, el clima, la situación geográfica y la época del año. Estas variaciones determinan la cantidad de luz solar que recibe cada región, lo que influye directamente en la temperatura y la precipitación.

La energía solar es el principal motor del ciclo hidrológico. Al calentar la superficie terrestre y los cuerpos de agua, provoca la evaporación, lo que da lugar a la formación de nubes y, posteriormente, a la precipitación. En zonas donde la radiación solar es intensa y constante, como en las regiones ecuatoriales, se generan climas cálidos y húmedos, caracterizados por altas tasas de evaporación y lluvias frecuentes. En contraste, en regiones con menor radiación solar, como las zonas polares o desérticas, la evaporación es reducida, lo que limita la cantidad de precipitación y da lugar a climas áridos o fríos.

Estos factores también influyen en la biodiversidad y en la adaptación de las especies. En las regiones árticas, donde la radiación solar es limitada durante gran parte del año, la diversidad de plantas y animales es moderada debido a las condiciones extremas. En cambio, en latitudes tropicales, donde la incidencia de la radiación solar es más uniforme a lo largo del año, se desarrolla una biodiversidad excepcional, con una gran cantidad de especies adaptadas a las altas temperaturas y la abundante humedad.

En conclusión, la energía solar no solo es fundamental para la vida en la Tierra, sino que también determina la distribución de ecosistemas, el clima y la disponibilidad de recursos naturales. Su influencia en la temperatura y la precipitación es clave para comprender la diversidad de paisajes y la adaptación de los seres vivos a diferentes entornos.

Desarrollo

Distribución de la energía solar en la tierra

En el Sol se producen reacciones de fusión nuclear en las que los núcleos de los átomos de hidrógeno (H) se combinan para formar átomos de helio (He). Este proceso libera enormes cantidades de energía en forma de calor y radiación, lo que convierte al Sol en la principal fuente de luz y calor para la Tierra.

La energía solar es fundamental para la existencia y el mantenimiento de la vida en nuestro planeta. Gracias a ella, las plantas pueden llevar a cabo la fotosíntesis, un proceso mediante el cual convierten la luz solar en energía química, almacenada en forma de glucosa. Esta transformación permite que la energía fluya a través de los ecosistemas, ya que los organismos herbívoros se alimentan de las plantas y, a su vez, sirven de alimento para los carnívoros.

Fig. 1.18. La energía solar es más intensa en las zonas costeras.

Fig. 1.19. En los polos la energía solar es menos intensa.

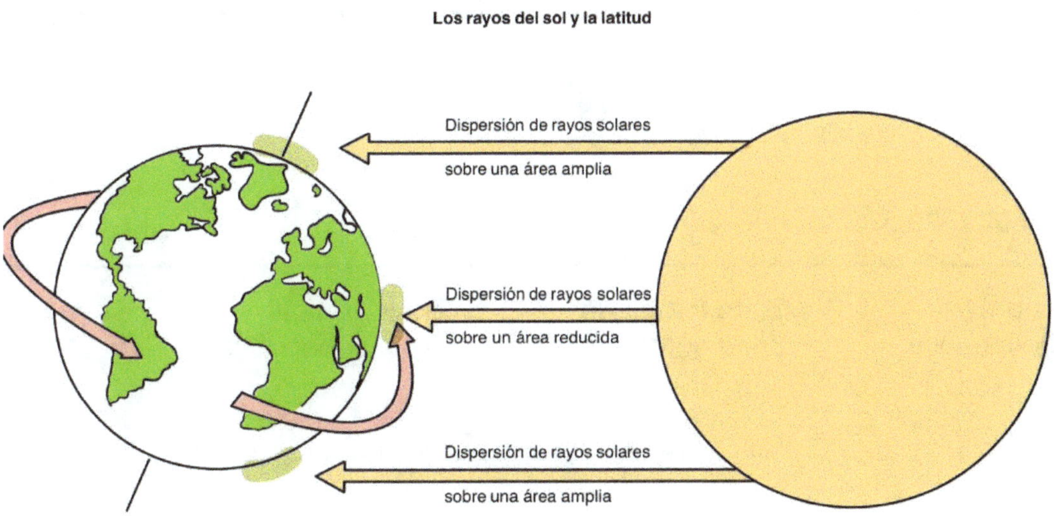

Fig. 1.20. La energía solar y la latitud.

El movimiento de la Tierra y su influencia en el clima

La Tierra gira alrededor del Sol y, en un periodo de 365 días, finaliza una vuelta completa en su órbita. Además, realiza un movimiento de rotación sobre su propio eje. Debido a que este eje presenta una inclinación de aproximadamente 23 grados con respecto al eje natural, la rotación terrestre se vuelve irregular, lo que provoca que la superficie del planeta reciba la luz solar con diferentes ángulos de incidencia.

Esta variación en la inclinación de los rayos solares genera una distribución desigual de la energía solar, siendo más intensa en las zonas tropicales y menor hacia los polos. Como resultado, se originan diferencias en la temperatura de la atmósfera, lo que impulsa la circulación atmosférica y da lugar a importantes patrones globales de movimiento del aire.

En la región ecuatorial, el aire se calienta con mayor intensidad debido a la radiación solar, ascendiendo con facilidad y dejando un espacio que es ocupado por masas de aire más frías y densas provenientes de los polos. Este intercambio de masas de aire genera flujos atmosféricos que, a su vez, influyen en los patrones climáticos y en la distribución de lluvias a gran escala.

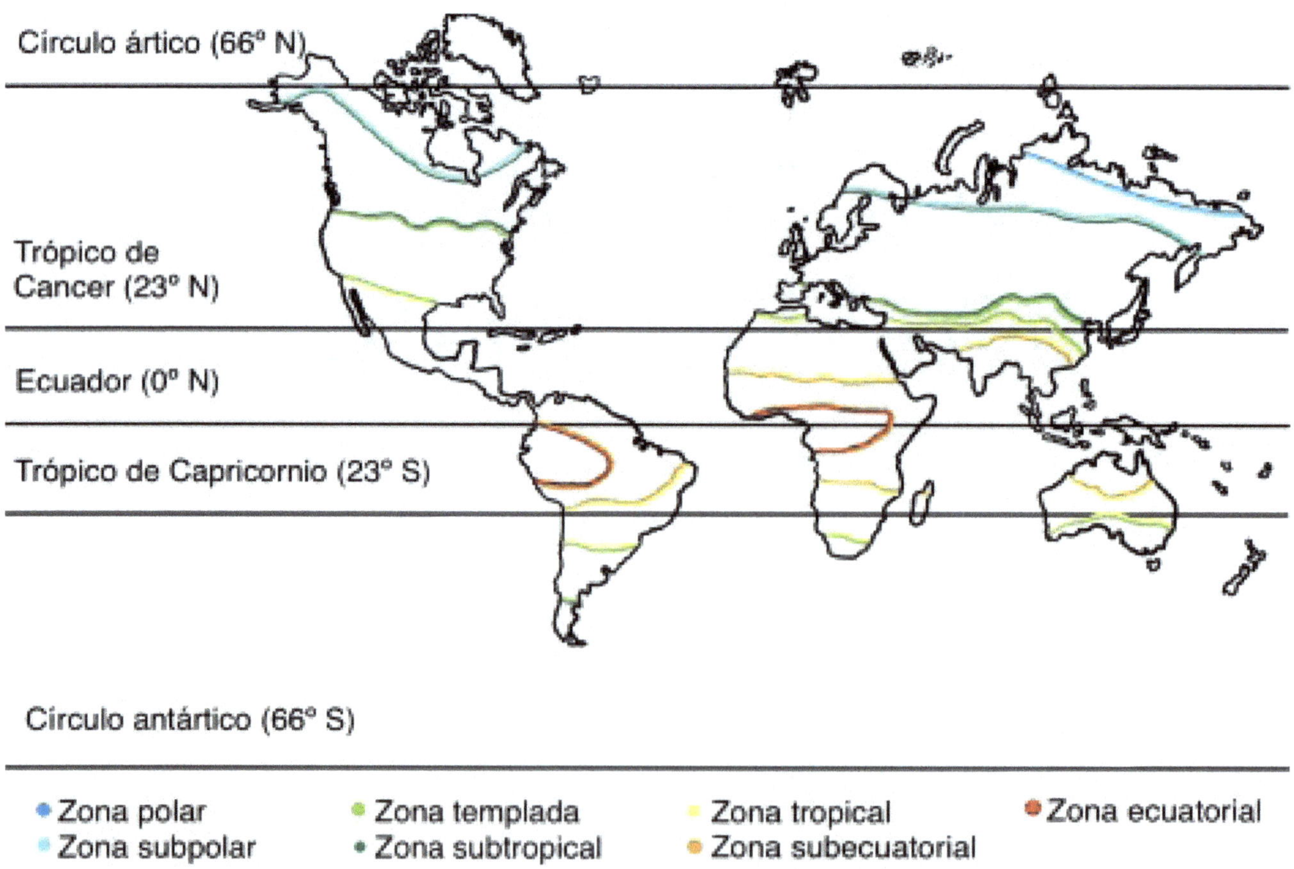

Fig. 1.21. Mapa de las zonas climáticas.

Actividad 1. Analiza la información del video para contestar las preguntas

LA CAPA DE OZONO SIGUE AFECTADA

1. ¿Dónde se encuentra el agujero de la capa de ozono?

2. ¿Cuál es la función de la capa de ozono?

3. ¿En qué productos se encuentran los cluorofluorocarbonos (CFC)?

4. ¿Qué significa un agujero en la capa de ozono?

5. ¿De qué tamaño es el agujero de la capa de ozono?

6. ¿Cuál es la causa mayor del cambio climático?

Las estaciones del año

El eje de rotación de la tierra se encuentra inclinado respecto al eje orbital (eclíptica). Esta inclinación hace que toda la superficie terrestre reciba diferente cantidad de radiación solar durante todo el año ya que la tierra hace un movimiento de cabeceo, y este fenómeno provoca lo que conocemos como las estaciones del año y se describen a continuación:

- **Solsticio de verano.** Ocurre cerca del 21 de junio. En esta fecha, la tierra se encuentra inclinada y expone más su hemisferio norte a la radiación solar, de tal forma que los rayos del sol llegan a 90° a la superficie de la tierra en el Trópico de Cáncer y entonces se presentará el **verano** en el hemisferio norte y el **invierno** en el hemisferio sur.

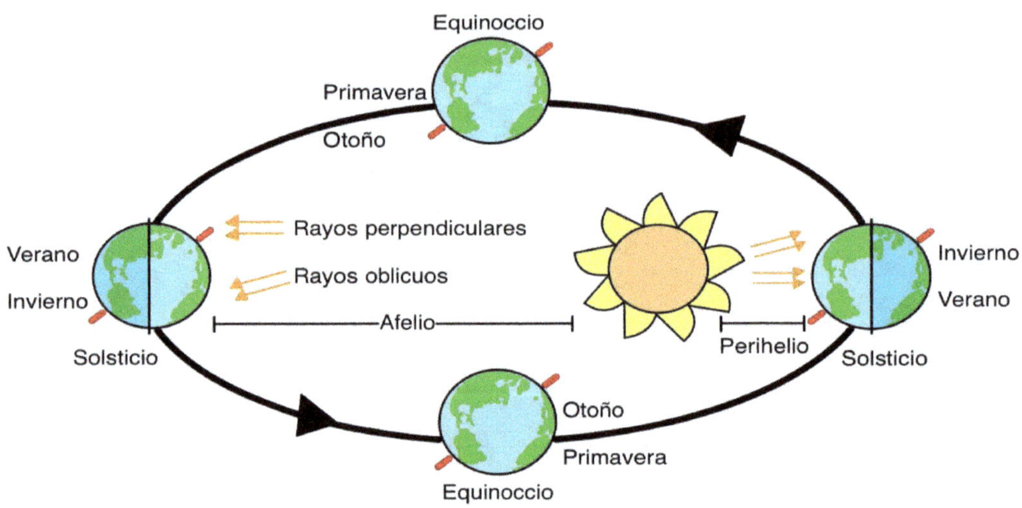

Fig. 1.22. El sol y las estaciones del año.

- **Solsticio de invierno.** Inicia el 21 de diciembre, época en que la tierra se encuentra inclinada de tal forma que expone más su hemisferio sur a la luz solar, específicamente los rayos del sol inciden a 90° en la superficie de la tierra en el Trópico de capricornio. Entonces será **verano** en el hemisferio sur e **invierno** en el hemisferio norte.
- **Equinoccio de primavera.** Se presenta cerca del 21 de marzo. En este punto la tierra no se encuentra inclinada respecto al sol de tal forma que los rayos inciden a 90^0 justo en el ecuador, es decir la latitud cero. Esto implica que tanto el hemisferio norte como el hemisferio sur recibirán la misma cantidad de radiación solar, Entonces será **primavera** en el hemisferio norte y **otoño** en el hemisferio sur.
- **Equinoccio de otoño.** Tiene lugar cerca del 23 de septiembre y el Sol incide nuevamente a 90° en el ecuador, haciendo que los días tengan igual duración en ambos hemisferios. Será otoño en el hemisferio norte y primavera en el hemisferio sur.

El desbalance de radiación en el planeta se entiende porque la zona comprendida entre el Trópico de Cáncer y el Trópico de Capricornio recibe la mayor cantidad de radiación solar a lo largo del año; por lo tanto, tiene temperaturas altas, mientras que las zonas polares son las que reciben la menor cantidad de radiación solar a lo largo del año y, por eso, son las zonas más frías del planeta. Ver fig. 1.22. Estas diferencias de temperatura provocan los desplazamientos de grandes masas de aire frío provenientes de las zonas templadas hacia las zonas tropicales, lo que da lugar a fenómenos meteorológicos como los huracanes, ciclones y monzones. Estos fenómenos hacen que las nubes que se forman en las zonas tropicales, principalmente en el mar, se desplacen hacia la superficie terrestre, donde descargan grandes cantidades de agua en forma de precipitación pluvial.

La temperatura dependerá de la posición del Sol en relación con una zona, el tipo de superficie y la topografía, el viento, la nubosidad y precipitación, y el movimiento de masas de aire y corrientes oceánicas.

Fig. 1.23. Diferencias de radiación solar en la tierra, generan distintos ecosistemas.

¿Para qué sirve la energía solar?

La energía solar tiene distintos usos. Un ejemplo de ello es que, cuando el Sol irradia con mucha intensidad, nos permite realizar ciertas actividades humanas, como disfrutar de la playa, ir de día de campo, visitar balnearios o refrescarse con un vaso de agua fría, entre otros. Otro uso se relaciona con la generación de energía eléctrica, utilizando celdas solares que absorben la luz del Sol por medio de materiales semiconductores como el silicio (Si), que absorbe la radiación solar y libera electrones, generando una corriente eléctrica en un circuito conectado a las celdas. Estas celdas también se conocen como paneles solares o paneles fotovoltaicos.

La energía solar se aprovecha para convertir la energía radiante del Sol en calor, que es transmitido a un calentador solar. Este calentador tiene una superficie especial que capta el calor de los rayos del Sol y lo transfiere al agua que circula por su interior. Estos calentadores se instalan en los techos de las viviendas, buscando el mejor ángulo de área soleada para captar la mayor cantidad de radiación solar y tener agua caliente cuando se necesite.

¿Alguna vez te has puesto a pensar cómo funcionan los satélites? ¿Qué tipo de energía utilizan? Pues bien, los satélites funcionan en gran parte con energía solar, al igual que algunos dispositivos como calculadoras y relojes. La energía solar también es utilizada en cocinas solares. De hecho, desde tiempos remotos, la energía solar ha tenido gran utilidad en el secado de frutos y la obtención de sal.

Factores que hacen posible la vida en la Tierra

La Tierra tiene las condiciones necesarias para que apareciera y persista la vida gracias a la interacción de varios factores que crean las condiciones adecuadas para la existencia de distintos ecosistemas. La distancia óptima de nuestro planeta respecto al Sol garantiza una temperatura adecuada en la Tierra para que tengamos agua, un ingrediente vital para la supervivencia. La presencia de la atmósfera, rica en nitrógeno, oxígeno y gases de efecto invernadero, es de gran importancia porque proporciona aire para respirar, nos brinda protección contra la radiación solar y contribuye a la regulación de la temperatura de la Tierra. El agua, en sus tres estados de agregación (sólido, líquido y gaseoso), contribuye a la regulación del clima y posibilita la supervivencia de muchas especies, así como las reacciones químicas dentro de las células. De igual importancia, la disponibilidad de elementos químicos en la Tierra es un factor que permite la formación de moléculas orgánicas complejas, que son los componentes básicos de la vida: proteínas, carbohidratos, lípidos y ADN.

El clima y la distribución de las especies

Existen diversas especies sobre la Tierra que sostienen la vida y dan forma a diferentes ecosistemas y hábitats en el mundo. Si pensamos, por ejemplo, en los pingüinos o en los osos polares, inmediatamente los asociamos a ecosistemas con frío y hielo, porque son especies que necesitan determinadas condiciones para poder sobrevivir, principalmente por el grosor de su pelaje y plumaje. Por el contrario, si pensamos en alacranes y suricatas, los relacionamos con climas donde existen temperaturas típicas del desierto o semidesierto. Como vimos, el clima es un factor abiótico importante que determina la distribución de las diferentes especies y, sobre todo, la ubicación de los biomas, ya que cada bioma tiene un rango de temperaturas y precipitaciones específicas.

El clima es un conjunto de condiciones atmosféricas (temperatura, humedad, presión atmosférica, viento, precipitación) que caracterizan a una región determinada. Su importancia radica en la distribución de las especies en la Tierra, debido a sus necesidades de alimento y guarida. Aunque algunas especies tienen una distribución más amplia que otras, cada especie solo se encuentra en un determinado hábitat de la diversidad que existe en la Tierra.

La distribución de una especie depende de las condiciones bióticas y abióticas que necesita para sobrevivir. De la misma forma, la distribución de los biomas depende del clima.

Fig. 1.24. La distribución de especies en el mundo han sido afectadas por el cambio climático.[2]

Cierre

2 Fuente: https://blogger.googleusercontent.com/img/b/R29vZ2xl/AVvXsEgAvZuA5XR8yKJg-CRx3eXmr9OXkunk4uyHsv9rgE4XrzO1u7qSz98Zorgd2DSVOeVcU1Hs8zMqGDNnYg4NAVJtu_dtsBymePHixh-Ohzr1O-coqRkQruljpOoXWdP9oDkLwMSr_Poirw/s320/Biogeografia.jpg

Actividad 2. Con lo aprendido en esta progresión, completa los enunciados y resuelve la sopa de letras

ESTACIONES DEL AÑO

FACTORES QUE HACEN POSIBLE LA VIDA EN LA TIERRA

T	A	A	F	E	L	I	O	T	J	D	Q	S	A
T	D	E	N	E	R	G	Í	A	S	O	L	A	R
R	A	Y	O	S	O	B	L	I	C	U	O	S	J
A	O	K	K	N	P	E	R	I	H	E	L	I	O
F	C	B	P	L	P	R	I	M	A	V	E	R	A
Y	U	B	V	U	A	T	M	Ó	S	F	E	R	A
L	Í	P	I	D	O	S	L	Z	A	Z	L	C	W
C	A	R	B	O	H	I	D	R	A	T	O	S	Q
I	N	V	I	E	R	N	O	S	A	G	U	A	D
O	T	O	Ñ	O	V	T	C	L	I	M	A	G	N
B	T	Y	K	P	R	O	T	E	Í	N	A	S	R
M	D	H	M	J	U	V	J	I	P	D	I	W	R
T	E	M	P	E	R	A	T	U	R	A	S	V	D
L	V	E	R	A	N	O	C	E	C	R	M	L	K

educima.com

Afelio	Agua
Atmósfera	Carbohidratos
Clima	Energíasolar
Invierno	Lípidos
Otoño	Perihelio

1. Ocurre cerca del 21 de junio. En esta fecha, la tierra se encuentra inclinada y expone más su hemisferio norte a la radiación solar. ____________________.

2. Se presenta cerca del 21 de marzo. En este punto los rayos inciden a 90° en el ecuador ____________________.

3. Es un conjunto de condiciones atmosféricas (temperatura, humedad, presión atmosférica, viento, precipitación) que caracterizan a una región determinada. ______________.

4. Es rica en nitrógeno, oxígeno y gases de efecto invernadero es de gran importancia porque proporciona aire para respirar. ______________.

5. Generada por el sol, donde se producen reacciones de fusión entre los núcleos de los átomos de hidrogeno (H), dando como resultado la formación de átomos de helio (He). ________________.

6. Se encuentra en tres estados de agregación, contribuye a la regulación del clima y posibilita la supervivencia de muchas especies. ____________.

7. Tiene lugar cerca del 23 de septiembre y el sol incide a 90° en el ecuador haciendo que los días tengan igual duración en ambos hemisferios.____________.

8. Inicia el 21 de diciembre, época en que la tierra se encuentra inclinada de tal forma que expone más su hemisferio sur a la luz solar. ______________.

9. Componente básico de la vida que se encuentra en forma de grasa ______________.

10. Momento en que la tierra se encuentra más alejada del sol.______________.

11. Componente básico de la vida que se encuentran en papas, harinas y pastas __________________.

12. Momento en que la tierra se encuentra más cerca del sol.______________.

13. Componente básico de la vida, de donde se obtiene energía y ayudan a producir hormonas. ______________.

14. Depende de la posición del sol en relación a una zona, el tipo de superficie y la topografía, el viento, la nubosidad, precipitación, etc. ________________

Progresión 5. Los biomas son las grandes regiones de vegetación a nivel mundial en función de la distribución de la energía en las distintas regiones de la Tierra

Apertura

La diversidad de biomas terrestres que tenemos en el planeta se debe a factores abióticos importantes, como la temperatura y la precipitación, ya que estos determinan el tipo de organismos característicos de cada región. Los biomas terrestres se clasifican tomando en cuenta el clima, la vegetación y la posición geográfica en que se encuentren (latitud, altitud y orografía). Así, por ejemplo, podemos encontrar tundra, taiga, desierto, bosque, sabana y selva.

La presencia de biomas es de gran importancia para nuestra supervivencia, pues de ahí aprovechamos recursos naturales para nuestro beneficio. Se obtienen materias primas para fabricar gran cantidad de productos, mantienen fuentes de agua, cuentan con gran diversidad biológica, regulan el clima y procesan CO_2 mediante la fotosíntesis.

Fig. 1.25. Biomas terrestres.

Los biomas son un pilar importante para equilibrar la naturaleza, donde los componentes bióticos y abióticos se encuentran estrechamente relacionados y permiten el desarrollo de la diversidad biológica, brindando recursos vitales para la subsistencia, como el oxígeno. Por tal motivo, sugerimos que protejas y cuides los biomas que se encuentran en el lugar donde vives o aquellos que visitas, para revertir la crisis ambiental en la que se encuentran.

También existen los biomas acuáticos (estuarios, arroyos, lagunas, lagos, arrecifes de coral, océanos, mares y manglares). Cada uno de estos biomas se encuentra a diferente profundidad, reciben distinta cantidad de luz y tienen diversos componentes físicos y químicos, tales como concentración salina, pH y temperatura. Todos estos componentes se relacionan y establecen condiciones específicas para el desarrollo de determinada flora y fauna acuática o marina. Estas mantienen relaciones ecológicas que permiten el mantenimiento de cadenas tróficas y la supervivencia de los organismos.

Desarrollo

Factores climáticos

El clima es una de las características geográficas que determina los tipos de biomas que existen en el mundo. Los factores del clima por su parte, son agentes que modifican, acentúan y dan lugar a los distintos tipos de climas. A continuación observarás en el siguiente cuadro los factores del clima más representativos que determinan los elementos del clima.

Latitud	Distancia angular que hay desde un punto de la superficie de la tierra hasta el ecuador y determina la cantidad de radiación solar que recibe determinada área.
Altitud	La elevación que presenta un punto de la superficie de la tierra respecto al nivel del mar influye en el clima. A medida que la altitud aumenta, la temperatura disminuye.
Corrientes marinas	Modelan el clima con el constante movimiento de las masas de agua que se desplazan a lo largo de los océanos y recorren grandes distancias, repartiendo el calor del trópico al resto del planeta.
Relieve	Las cadenas montañosas influyen en el clima, ya que son barreras naturales al movimiento del aire.
Circulación atmosférica	Los vientos planetarios (Alisios, del Oeste y polares), así como las zonas de alta y baja presión pueden influir en la temperatura de una región.

¿Qué es un bioma?

Un **bioma** es una comunidad natural que comparte características similares, tales como el clima, la vegetación, la fauna, etc. Bioma también es otro nombre que recibe un ecosistema. Los biomas son niveles de organización ecológica, los cuales constituyen grandes extensiones en la tierra, formados por factores bióticos y abióticos. Los biomas se caracterizan por su clima (precipitación, temperatura, humedad, etc.), el cual determina la vegetación que predomina y a su vez, el clima y las plantas determinan las especies animales que lo habitan.

Fig. 1.26. Las Chinampas protegen la biodiversidad.

Los biomas y la distribución de energía solar

Existen dos tipos de biomas: terrestres y acuáticos. Los biomas terrestres se pueden clasificar por la posición geográfica, la temperatura y la precipitación. Los biomas terrestres se nombran de acuerdo a la vegetación predominante. Por lo tanto, la siguiente imagen muestra la diversidad de biomas que existen en la tierra.

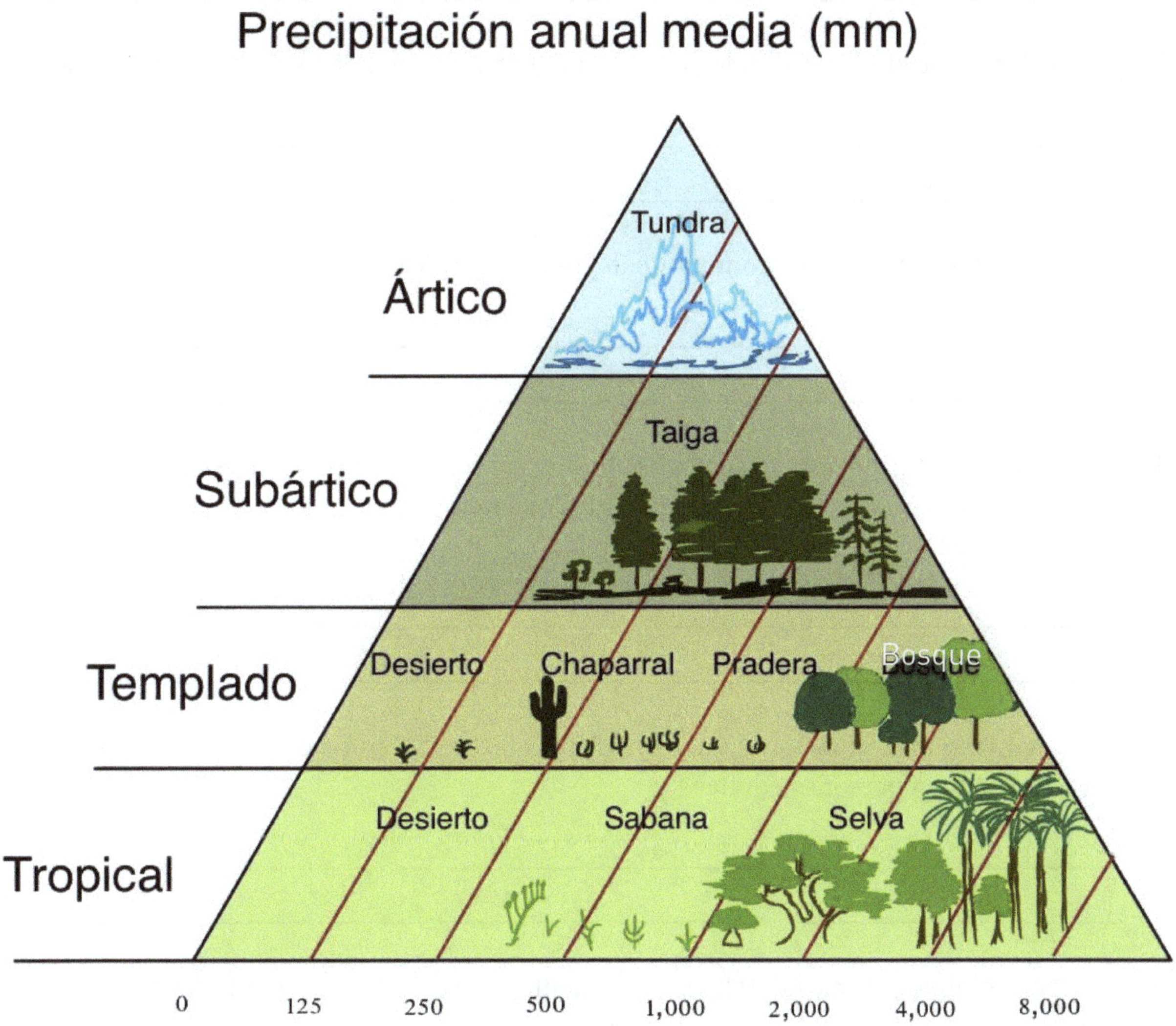

Fig. 1.27. Distribución de los biomas terrestres de acuerdo al clima.

Actividad 1. De forma individual contesta las siguientes preguntas

1. ¿Cuál es el bioma predominante dónde vives?

   ____

   ____

2. ¿Consideras que el bioma donde vives se encuentra en equilibrio ecológico? ¿Por qué?

   ____

   ____

3. ¿Cuál es la fauna y flora predominante del bioma donde vives?

   ____

   ____

4. De acuerdo a información de personas adultas, ¿el bioma donde vives estuvo en mejores condiciones ecológicas en el pasado? ¿En qué tiempo y cuáles eran esas diferencias con las actuales?

   ____

   ____

5. Anota cinco o más situaciones que consideras afectan al bioma donde vives, recupera información con personas adultas.

   ____

   ____

6. Escribe acciones que los habitantes implementan o podrías implementar al conocer la problemática del bioma donde vives para recuperarlo.

   ____

   ____

Actividad 2. En parejas lean el artículo. Producción de café y variables climáticas y completen el siguiente mapa conceptual

PRODUCCIÓN DE CAFÉ Y VARIABLES CLIMÁTICAS

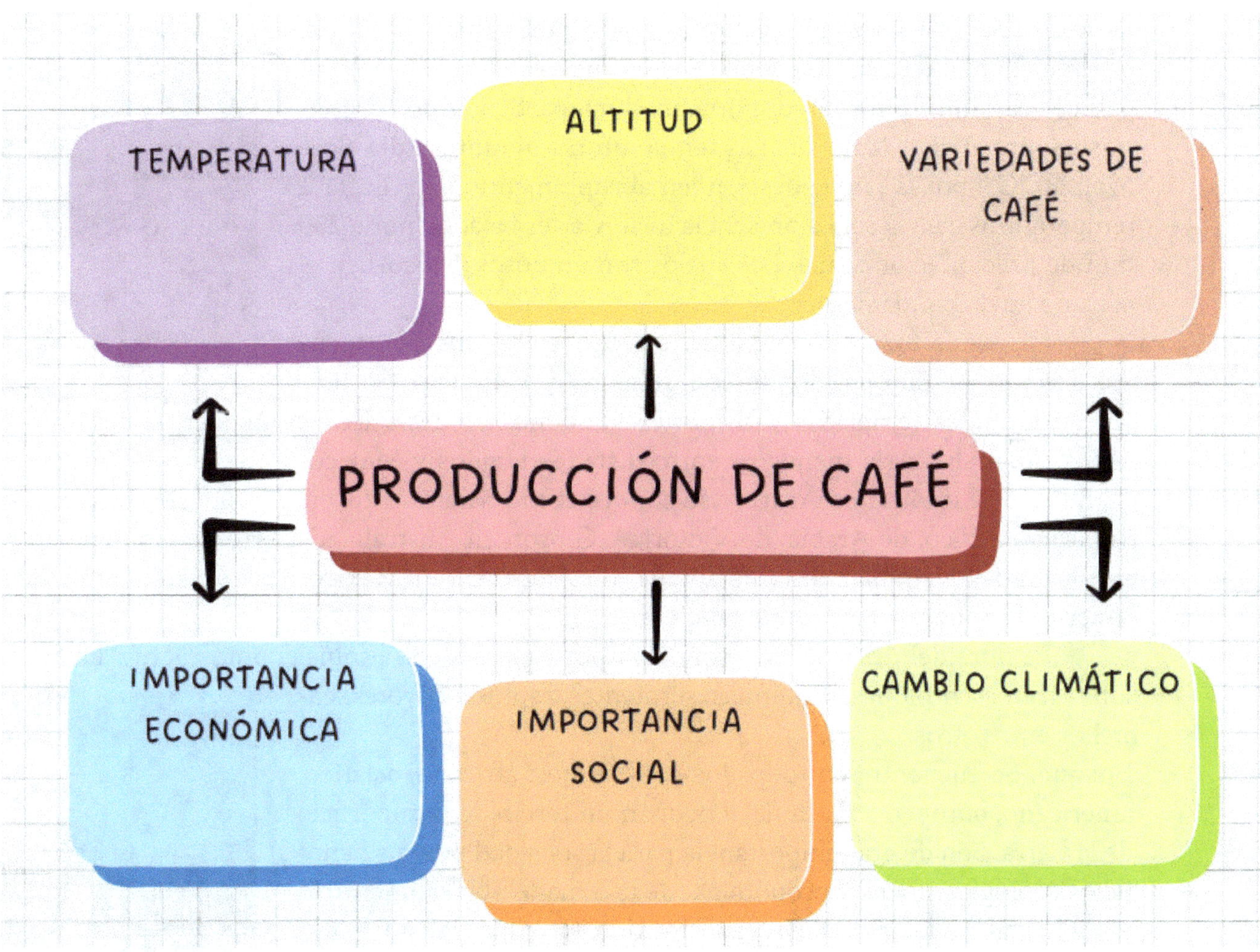

Con la ayuda de su docente presente sus resultados frente al grupo y respondan la siguiente pregunta. ¿Cómo afecta el clima a la producción de café?

Biomas terrestres

- **Selva.** Es uno de los biomas terrestres más ricos en flora y fauna. Este tipo de bioma se encuentra en Sudamérica, Asia, África y Oceanía, principalmente alrededor de la línea del ecuador. Las selvas tropicales se caracterizan por presentar climas cálidos y húmedos y abundantes lluvias casi todo el año. La vegetación que predomina son arboles de elevada altura y troncos robustos, plantas trepadoras y enredaderas, líquenes, orquídeas, bromelias, helechos, palmeras, musgos y hongos principalmente.

  Al igual que la flora, la fauna de la selva tropical es amplia donde podemos encontrar diversa cantidad de especies de insectos y arácnidos, anfibios, reptiles y mamíferos como el jaguar, gorilas, caimanes, venados, entre otros.

- **Desierto.** Se caracteriza por suelos áridos, temperaturas extremas, precipitaciones escasas. De todos los biomas es el más seco con paisajes casi inhóspitos. Predomina un clima particular por el contraste entre el día y la noche. Las temperaturas durante el día alcanzan 40 °C y por la noche descienden abruptamente hasta llegar a temperaturas bajo cero. La presencia de lluvias es baja, menor a 250 mm de precipitación anual. Los suelos son arenosos y absorben el agua de lluvia rápidamente.

  Los desiertos se encuentran en casi todos los continentes, excepto en Europa, donde son áreas muy pequeñas. Se ubican en latitudes templadas y tropicales. Los biomas desérticos se pueden encontrar en África, Australia, Asia menor y centro, Estados Unidos y México. El desierto más grande del mundo se localiza en África y se conoce como Sahara. Existen otros desiertos como el Antártico, Ártico, de Arabia, de Victoria y Gibson en Australia, desierto de Gobi, de Siria, de Kalahari y Namibia, de la Patagonia, de Atacama, en México desierto de Chihuahua, desierto de Sonora y Baja California.

  La flora del desierto es reconocida por especies con espinas como cactus. La fauna la integran escorpiones, tarántulas, serpientes, reptiles, coyotes, camellos entre otros.

- **Bosque.** Se encuentra en todos los continentes: africano, asiático, americano, europeo y Oceanía, y ocupan un tercio de la superficie de la tierra. Son de gran importancia para la sociedad por sus beneficios ecológico, social y económico, de uso maderable, alimenticio y medicinal, además de ser receptores de CO_2 para transformarlo y liberar O_2 y purificar el aire. Contribuyen al almacenamiento y filtración del agua.

Los bosques se caracterizan por la presencia de árboles de gran altura y arbustos leñosos. De acuerdo a su follaje, existen bosques caducifolios llamados así porque en una determinada estación de año pierden su follaje a diferencia de los bosques perennifolios los cuales siempre mantienen su follaje.

El suelo de los bosques es diverso, sin embargo en su mayoría son ricos en materia orgánica. El clima de los bosques depende de la latitud donde se encuentren, así por ejemplo los bosques templados tendrán clima templado. El Bosque boreal que se encuentra en el hemisferio norte tiene clima frío. Los Bosques tropicales tienen clima tropical y el bosque subtropical tiene temperaturas que oscilan entre los 22° C.

La fauna de los bosques difiere según las condiciones climáticas. En el bosque templado se encontrarán osos pardos, ciervo, lobo, jabalí, ardilla roja, zorro, búho, tejón y liebre. En el bosque boreal encontraremos lince boreal, alce, reno y marta. En el bosque tropical predomina el jaguar, mono aullador, tucán, puma, ocelote, tapir, armadillo, etc. En el bosque subtropical habitan tigre de bengala, panda rojo, pavo real, gibón, etc.

La flora y vegetación de los bosques depende de la latitud. Los bosques de coníferas se ubican en el hemisferio norte, los bosques frondosos son como las selvas con especies de hoja ancha y el bosque mixto es una combinación de los anteriores donde los dos tipos de vegetación conviven en simbiosis.

- **Tundra.** Es el bioma más frío de la tierra alcanzando hasta -32 °C y se encuentra en zonas polares de gran latitud y en zonas montañosas de gran altitud. En el hemisferio norte se ubica en Siberia, Alaska, norte de Canadá, costa Ártica europea y sur de Groenlandia. En el hemisferio Sur se encuentran al sur de Argentina, Chile, en las islas Sud antárticas y en algunas zonas del norte de la Antártida. Su clima es frío, seco y con escasas lluvias, escasa vegetación por la carencia de nutrientes. La vegetación se reduce a plantas pequeñas como líquenes, musgos, pastos, etc. La fauna de la tundra es de renos, gato montés, caribúes, gaviotas, lemmings, entre otros.
- **Estepa.** Es un bioma que se encuentran a los pies de la cordillera de los Andes como la pampa Argentina, la pampa patagónica, la serranía esteparia en Perú, la estepa en Bolivia, las llanuras de México y Canadá. También se encuentra en Europa, Asia, África y Oceanía. Las estepas se caracterizan por su clima árido, precipitaciones bajas, escasa vegetación de tipo herbácea y arbustiva, dominan algunas gramíneas en suelos semidesérticos. La fauna está representada por pequeños y grandes mamíferos como bisonte europeo, bisonte americano, antílopes nativos de África, caballos salvajes, perritos de la pradera, aves como el cóndor andino, codornices, águilas, insectos y algunos reptiles como lagartijas y serpientes.
- **Sabana** es un bioma que se encuentra en regiones cálidas del planeta, en zonas tropicales y subtropicales de África (el Serengueti en Tanzania), Oeste de Australia, Brasil, Colombia y Venezuela. El clima de la sabana es tropical, con periodos de sequía y lluvia abundante durante una única estación del año. Su vegetación es el resultado de una zona de transición entre los ecosistemas de selvas y semidesiertos. La flora de las sabanas se compone de gramíneas, matorrales, arbustos y árboles xerófilos. La fauna es muy diversa y se pueden apreciar antílopes, gacelas, cebras, jirafas, leones, leopardos, Guepardos, elefantes, rinocerontes y aves.

Biomas acuáticos

Los biomas acuáticos son los más extensos. Esto se debe a las altas extensiones de la Tierra que se encuentran cubiertas por agua, siendo el mayor porcentaje de agua salada y muy poco de agua dulce. Se clasifican de acuerdo con las condiciones de salinidad, luz, temperatura, pH, oleaje y corrientes, principalmente. Existe una diversidad de seres vivos adaptados a diferentes profundidades. Así, por ejemplo, en primer lugar se encuentra el plancton, integrado por organismos autótrofos y heterótrofos que flotan en la superficie, al igual que algas, protozoarios, cianobacterias, crustáceos, larvas, etc.

Debajo de la región del plancton se encuentra el necton, donde viven organismos de mayor tamaño como peces, tortugas, delfines, ballenas, etc. Posteriormente, el bentos, integrado por organismos como esponjas, ostras, langostinos, estrellas de mar y larvas de insectos. En la zona mesolitoral habitan cangrejos, caracoles, gusanos, mejillones, etc. En la zona de ambiente bentónico se encuentran los arrecifes de coral, gusanos, almejas, estrellas de mar, etc.

La zona de ambiente pelágico se caracteriza por estar en mar abierto, donde habitan plancton, calamares, ballenas, tiburones, atunes, delfines; y a mayor profundidad y en total oscuridad viven calamares gigantes, anémonas, cangrejos y gusanos. La zona litoral está habitada por crustáceos, insectos, larvas, tortugas, ranas y algas. En la zona limnética, donde penetra la luz, habitan algas, lirio acuático, peces, crustáceos, etc. Finalmente, en la zona profunda, donde hay poca luz, se encuentran grandes cantidades de algas.

Fig. 1.28. Diversidad de flora y fauna en los biomas acuáticos.

Todos los biomas requieren del respeto y cuidado de la humanidad ya que son ecosistemas de gran importancia para la supervivencia de los organismos, incluidos los seres humanos. Algunos son muy sensibles a los cambios ambientales causados por el calentamiento global o simplemente tardan en regenerarse después de la intervención del hombre, que actúa principalmente para satisfacer sus necesidades alimenticias y económicas.

Si bien no vivimos en todos los biomas, debemos tener la cultura de cuidar cualquier espacio rural o urbano que visitemos. Recuerda que los biomas se encuentran interconectados y, al afectar a uno, afectamos al resto.

Actividad 3. Completa la información en los recuadros

Comparando hábitats

Observa las imágenes, anota el nombre del bioma, sus características y su fauna predominante

BIOMA	CARACTERÍSTICAS DE LA VEGETACIÓN	FAUNA PREDOMINANTE

Cierre

Actividad 4. De los procesos que se presentan, colorea de verde aquellos que contribuyen al cuidado de los biomas y de color rojo los que afectan y provocan daños

Reforestación	Incendios forestales	Uso de agua reciclada
Deforestación	Consumo de carne	Fotosíntesis
Reproducción de especies en peligro	Baños secos	Separación de basura
Extracción de especies en peligro	Reutilizar todo lo que se pueda	Elaborar composta
Consumir agua embotellada	Arrojar basura al mar	Cultivar alimentos sin agroquímicos

UNIDAD 2
ECOSISTEMAS
FLUJO DE MATERIA Y ENERGIA

Contenido central

- **Ecosistemas, interacciones, energía y dinámica**

Conceptos transversales	Prácticas de ciencia e ingeniería
CT1. Patrones	▪Hacer preguntas y definir problemas
CT2. Causa y efecto	▪Desarrollar y usar modelos
CT3. Medición	▪Planificar y realizar investigaciones
CT4. Sistemas	▪Usar las matemáticas y el pensamiento computacional
CT5. Flujos y ciclos de la materia y la energía	▪Analizar e interpretar datos
CT6. Estructura y función	▪Construir explicaciones y diseñar soluciones
CT7. Estabilidad y cambio	▪Argumentar a partir de evidencias
	▪Obtener, evaluar y comunicar información

Metas de aprendizaje del contenido central

- Analizar e interpretar los patrones para rediseñar y mejorar los sistemas. Utilizar las representaciones matemáticas para identificar algunos patrones.
- Analizar que los cambios en los sistemas se deben a diferentes causas y también tienen distintos efectos. Identificar que los sistemas pueden diseñarse para causar un efecto esperado.
- Aplicar el concepto de orden de magnitud para comprender cómo un modelo en una escala se relaciona con otro en una escala distinta. Usar el pensamiento matemático para examinar datos y eventualmente predecir el efecto del cambio de una variable sobre otra(s).
- Determinar los cambios de la materia y la energía en función de los flujos hacía, desde y dentro del sistema, así como de los ciclos involucrados. Emplear el principio de conservación en el que la energía no se crea ni se destruye, sólo se mueve entre un lugar y otro, entre objetos y/o campos, o entre sistemas.
- Reconocer los procesos de retroalimentación y su efecto en la estabilidad del sistema. Diseñar elementos que proporcionen estabilidad a un sistema.

Perfil de egreso. Aprendizaje de trayectoria

- Las y los estudiantes comprenden qué es la materia y conciben sus interacciones para explicar muchas observaciones y fenómenos que experimentan en la vida diaria. A partir de una profunda comprensión de la estructura de la materia y de sus posibles combinaciones identifican por qué hay tantas y tan diferentes sustancias en el universo. Explican que la circulación de materia y energía está presente en todos los materiales y organismos vivos del planeta. Finalmente, los materiales nuevos pueden ser diseñados a partir de la comprensión de la naturaleza de la materia y ser utilizados como herramientas tecnológicas para la vida cotidiana.
- Las y los estudiantes comprenden que la conservación de la energía es un principio que se utiliza en todas las disciplinas científicas y en la tecnología, ya que aplica a todos los fenómenos naturales, experimentales y tecnología, conocidos; se utiliza tanto para dar sentido al mundo que nos rodea, como para diseñar y construir muchos dispositivos que utilizamos en la vida cotidiana. Reconocen los mecanismos por los que la energía se transfiere y que la energía fluye de los objetos o sistemas de mayor temperatura a los de menor temperatura.
- Las y los estudiantes valoran el papel que juegan los ecosistemas y los sistemas biológicos de la tierra, a través de la comprensión de las interacciones de sus componentes. Identifican que toda la materia en los ecosistemas circula entre organismos vivos y no vivos, y que todos requieren de un flujo continuo de energía. Reconocen que los átomos de carbono circulan desde la atmósfera hacia las plantas, a través del proceso de fotosíntesis, y que pasan a través de las redes alimentarias para eventualmente regresar a la atmósfera. El Conocimiento sobre los ecosistemas tiene aplicaciones tecnológicas en la medicina, la nutrición, la salud, la sustentabilidad, entre otros.

Progresión 6. Las redes tróficas tienen diferentes niveles y uno de los primeros está formado por plantas y algas. En los flujos de materia y energía, que se presentan en los niveles de las redes tróficas, solo una pequeña fracción de la materia consumida en el nivel inferior se transfiere al nivel superior, para producir crecimiento y liberar energía durante la respiración celular. Dada esta ineficiencia, generalmente hay menos organismos en los niveles más altos de una cadena trófica

Actividad diagnóstica y de análisis

Subraya la respuesta correcta

1. ¿En qué nivel trófico se encuentran los autótrofos?

   a. Consumidores primarios
   b. Consumidores secundarios
   c. Descomponedores
   d. Productores

2. ¿Qué es una cadena trófica?

   a. Representa el flujo de energía y nutrientes de forma lineal
   b. Representa a los consumidores primarios y productores
   c. Representa un grupo de organismos que comparten el mismo hábitat
   d. Representación de plantas y animales

3. ¿Qué porcentaje de energía se transfiere de un nivel trófico a otro en una cadena trófica?

   a. 95 %
   b. 20 %
   c. 10 %
   d. 15 %

4. ¿Qué utilidad tiene la biomasa ganadera?

   a. Es un combustible fósil
   b. Fertilizante orgánico
   c. Uso doméstico
   d. Uso industrial

5. ¿Cuál es la función de los organismos descomponedores?

   a. Descomponen materia y liberan nutrientes
   b. Absorben elementos microscópicos
   c. Absorben aguan y energía del sol
   d. Descomponen compuestos

6. ¿Cuál es la relación que existe entre la energía solar y la fotosíntesis?

   a. A mayor cantidad de energía solar, incrementa la producción de fotosíntesis
   b. La fotosíntesis ocurre de igual forma con cualquier cantidad de energía solar
   c. A menor energía solar, incrementa la producción de fotosíntesis
   d. A mayor energía solar, menor cantidad de biomasa

7. ¿Qué es la biomasa en un ecosistema?

   a. La cantidad de radiación solar que recibe un ecosistema
   b. La materia orgánica fresca
   c. La materia orgánica heterogénea expresada en peso por unidad de área o volumen
   d. El agua, CO_2 y la radiación solar que necesitan las plantas

8. ¿Qué es una población?

   a. Son los productores primarios
   b. Conjunto de organismos autótrofos
   c. Herbívoros y carnívoros en un ecosistema
   d. Organismos o individuos de una misma especie que viven en un área determinada

9. ¿Qué es la productividad primaria neta?

   a. Es la relación que existe entre la energía solar y la cantidad de descomponedores
   b. Es la transferencia de energía entre organismos
   c. Es la productividad primaria bruta menos la energía que las plantas usan para poder vivir
   d. Es la productividad de la biomasa

10. ¿Por qué se llaman plantas CAM?

   a. Plantas adaptadas para vivir en zonas desérticas muy secas
   b. Plantas acuáticas
   c. Plantas del bosque con tallos leñosos
   d. Todos los cereales

MI PROYECTO DE CIENCIAS SEGUNDO PARCIAL: ELABORACIÓN DE COMPOSTA

MI PREGUNTA

¿Qué podrías hacer con los desechos vegetales (frutas y verduras) para evitar que tu contenedor de basura se sature?

INFORMACIÓN

Elaborar composta con desechos de frutas y verduras y la ayuda de lombrices, es una alternativa ecológica para obtener abono orgánico utilizado para fertilizar las plantas.

HIPÓTESIS

El carbono que existe en los restos de material fresco y seco se descompone con la presencia de nitrógeno y aumento de la temperatura y obtenemos como resultado abono orgánico para fertilizar tierras para cultivo y para macetas. Al compostar los restos de frutas y verduras reducimos la cantidad de basura que llega a los tiraderos y creamos conciencia ambiental.

MATERIALES
Material verde o húmedo
Restos de frutas, verduras y pasto
Lombrices
Material seco
Tierra
Papel
Aserrin
Hojas secas
Bolsa negra
Pala
Termómetro

PROCEDIMIENTO

Utiliza 2 cajas de plástico, de unicel o de madera del tamaño de tu preferencia o disponibilidad. Coloca una caja encima de la otra. La caja de la parte inferior servirá para colectar los líquidos de la composta, por lo tanto se sugiere que se encuentre cerrada y con una abertura tipo taparrosca para sacar los líquidos de la composta. La caja de la parte superior deberá tener perforaciones en el fondo para drenar los líquidos. Deposita una capa de material seco de aproximadamente 2 a 3 cm de espesor, posteriormente deposita una capa de tierra de 2 cm de espesor. Realiza riego moderado con un aspersor. La tercera capa del mismo espesor será de materiales frescos. Luego, agrega 100 gr de lombriz roja californiana y cubre con una capa de material seco. Vuelve a depositar capas de materiales en el mismo orden. Trata de que queden 10 cm libres en la parte superior de la caja para poder voltear la composta. Tapa con un hule tu composta y ubicala en un lugar sombreado. Evita los materiales ácidos y picantes. Semanalmente se debe voltear la composta tratando de que los materiales del fondo pasen a la superficie y viceversa. Trata de mantener humedad en la composta sin inundar. Toma temperatura de tu composta dos veces por semana y realiza registro. Después de 3 meses tendrás un humus listo para las plantas y la población de lombrices aumentará.

PREGUNTAS

1. ¿Por qué es importante compostar?
2. ¿Existen cambios en el registro de temperaturas de tu composta? ¿Por qué?
3. ¿Cuáles son las fases de la composta?
4. ¿Cuáles son los materiales que no se recomiendan compostar y por qué?
5. Menciona los nutrientes que contiene el humus.

RESULTADOS Y CONCLUSIÓN

Anota tus resultados semanales, mensuales y finales, así como tu conclusión. Adjunta imágenes.

Apertura

Fig. 2.1 Organismos longevos en las cadenas alimentarias.

Así como existe una diversidad de ecosistemas, las redes tróficas también son variadas y dependen de diversos factores, siendo uno de los más relevantes la disponibilidad de alimento. En una red trófica, cada organismo ocupa un lugar específico, lo que permite observar quién se alimenta de quién y qué rol desempeña en la transferencia de energía y nutrientes a lo largo de la cadena alimentaria. Estos procesos son esenciales para el equilibrio ecológico, ya que garantizan el flujo constante de materia y energía en el ecosistema.

Es fundamental conservar a los organismos que habitan en los ecosistemas y proteger sus hábitats, ya que forman parte de complejas redes tróficas. La alteración de estas redes puede desencadenar graves consecuencias, como la proliferación descontrolada de ciertas especies que, al no contar con sus depredadores naturales, pueden convertirse en plagas. Este desequilibrio suele ser provocado por actividades humanas como la caza desmedida, la deforestación y la contaminación, que reducen la biodiversidad y afectan tanto a la flora como a la fauna.

Dentro de estas redes tróficas, existen organismos longevos, como algunas especies de tortugas, cuya vida puede extenderse por varias décadas. En contraste, hay otras especies con ciclos de vida más cortos y que están sometidas a una mayor presión por parte de los depredadores. Esta dinámica de depredación y reproducción contribuye al equilibrio natural de los ecosistemas.

Para mantener la estabilidad ecológica, es imprescindible tomar medidas de conservación, como evitar la caza furtiva y la pesca excesiva, reducir la contaminación, frenar la deforestación y prevenir incendios forestales. Estos fenómenos afectan directamente la biodiversidad y pueden llevar a la extinción de especies clave en la cadena alimentaria. Ante la pérdida de biodiversidad, se han implementado estrategias de conservación, como la creación de áreas naturales protegidas y reservas ecológicas, destinadas a la recuperación y reproducción de especies en peligro de extinción.

El equilibrio de los ecosistemas depende de la interacción de todos los organismos que los conforman. Por ello, es responsabilidad de la sociedad fomentar prácticas sostenibles que protejan la biodiversidad y aseguren el funcionamiento adecuado de las redes tróficas para las futuras generaciones.

Desarrollo

Las cadenas alimenticias

Una **cadena alimenticia** es la transferencia de energía alimentaria de los vegetales a los animales y luego de estos a otros por etapas sucesivas de alimentación (Sherman y Sherman, 1987). Se representa en un esquema de flujo de energía y nutrientes de forma lineal, que se da entre las especies de organismos consumidos y consumidores, o dicho de otra forma, muestra las interacciones alimenticias que se dan en un ecosistema entre organismos simples a organismos más complejos en una secuencia única como se observa en la siguiente imagen.

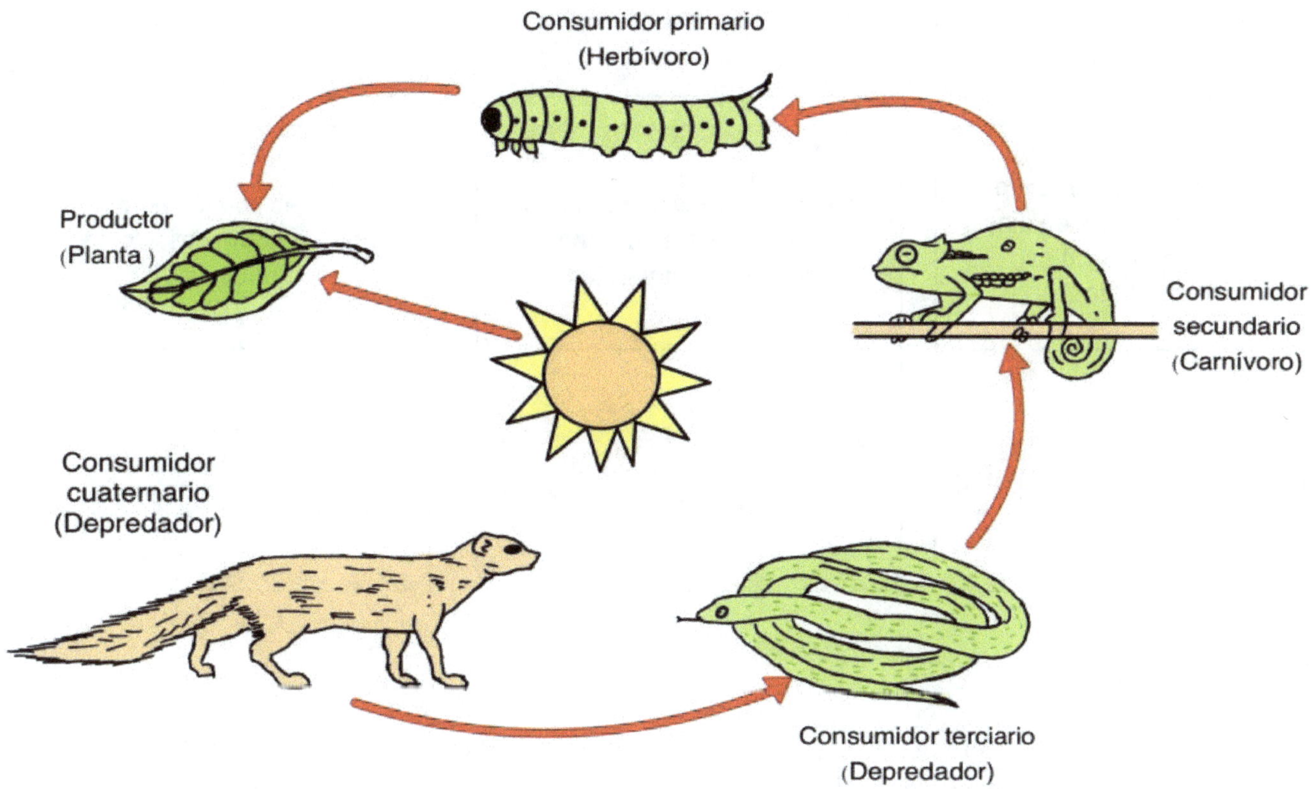

Fig. 2.2. Flujo de materia y energía en una cadena trófica.

Actividad 1. Completa el siguiente organizador gráfico

¿Por qué se consideran a las plantas la base de los ecosistemas?	¿Cuál es la razón por la cual en una cadena trófica solo se transfiere el 10 % de energía?	Anota algunas diferencias entre cadena trófica y red trófica
------------------------------ ------------------------------ ------------------------------ ------------------------------ ------------------------------	------------------------------ ------------------------------ ------------------------------ ------------------------------ ------------------------------	------------------------------ ------------------------------ ------------------------------ ------------------------------ ------------------------------
¿Cómo es el proceso de fotosíntesis en días soleados y días nublados?	¿Qué sucede si se modifica alguno o varios componentes de un ecosistema?	¿Cuáles son los componentes del ecosistema donde vivo?
------------------------------ ------------------------------ ------------------------------ ------------------------------ ------------------------------	------------------------------ ------------------------------ ------------------------------ ------------------------------ ------------------------------	------------------------------ ------------------------------ ------------------------------ ------------------------------ ------------------------------

Redes tróficas

Son relaciones complejas entre los organismos participantes (Sherman y Sherman, 1987). La red trófica es una representación esquemática de varias cadenas alimentarias interconectadas donde se observan los diferentes seres vivos que un organismo puede consumir y como puede servir de alimento para otros organismos. Las redes tróficas son una muestra del grado de complejidad que representan las relaciones alimentarias, donde el ambiente juega un papel importante, ya que el tamaño de una red trófica, su organización y su estructura se encuentran relacionadas con las características del ambiente.

¿Cómo fluye la energía en un ecosistema?

Niveles tróficos

- **Productores primarios**. Son vitales para la supervivencia de los ecosistemas y están representados por plantas, algas o cianobacterias que permiten la entrada de la energía a los ecosistemas y se consideran el primer y más importante eslabón en la cadena alimentaria. Los productores primarios producen carbohidratos y son consumidos por los consumidores primarios.

- **Consumidores primarios.** Son herbívoros que se encuentran en el segundo nivel trófico y se alimentan de los productores primarios. Ejemplo de estos son algunas aves, orugas, perezosos, manatíes, ratón de campo, iguanas, conejos, etc.

- **Consumidores secundarios.** Se encuentran en el tercer nivel trófico y son carnívoros que se alimentan de los consumidores primarios. Ejemplo de ellos son los cocodrilos, pitones, lechuzas, gavilanes, mantis religiosa, ranas, entre otros.

- **Consumidores terciarios.** Se encuentran en el cuarto nivel trófico y obtienen su energía al ingerir a los consumidores secundarios. Los organismos más representativos son otros carnívoros como el tiburón, la orca, la víbora, etc.

- **Consumidores cuaternarios.** Existen en algunos ecosistemas y se alimentan de consumidores terciarios como el búho, el águila y la garza azul.

- **Organismos omnívoros.** Se alimentan de vegetales y de animales, es decir, pueden ser herbívoros o consumidores primarios. Ejemplo de ello son los cuervos, osos, coati, pirañas y cucarachas.

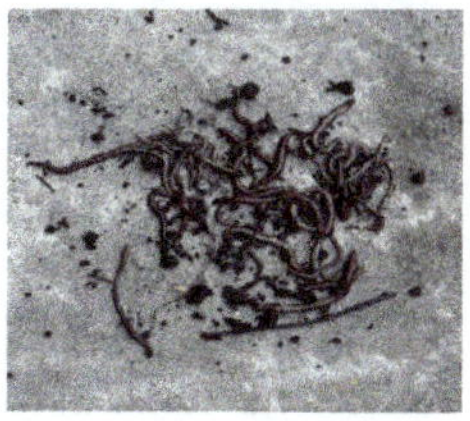

- **Detritívoros**. Conocidos como alimentadores de detritos y son organismos que se alimentan de materia orgánica en descomposición, restos de plantas, animales o desperdicios. Aquí se encuentran los milpiés, lombriz de tierra, ácaros de tierra y cochinillas.

- **Descomponedores o desintegradores.** Se encuentran en el último nivel trófico y su nombre se debe a la actividad que realizan al degradar restos y desechos de organismos. En este nivel trófico se encuentran bacterias y hongos.

Regulación del clima y ciclo de nutrientes

Las plantas tienen una función importante para nuestra supervivencia ya que además de ser la base de la cadena alimenticia y proveernos de alimentos y materias primas, regulan la temperatura, contribuyen a la reducción de gases de efecto invernadero al momento de absorber y procesar el CO_2 durante la fotosíntesis, evitan la erosión de los suelos y están presentes en el ciclo de nutrientes al fijar, reciclar y distribuir elementos esenciales como el nitrógeno y el fósforo en el ecosistema.

Fig. 2.3. Las plantas como productores primarios.

Actividad 2. Completa los siguientes enunciados del texto: Flujo de energía: cadenas y redes alimenticias

Las __________alimenticias muestran el orden en que unos organismos se _____________ de otros en un __________, como un ___________ o ____________es comido por un herbívoro o __________primario, este es ingerido por un consumidor ________________ y este a su vez por un ____________ y así sucesivamente hasta llegar a los ____________. Recordemos que los organismos ___________ o __________ son la base o el inicio de las cadenas __________. En las cadenas alimenticias se describe claramente como fluye la _________ almacenada por las plantas a través del ecosistema. Las cadenas alimenticias se encuentran entrelazadas en complejas interconexiones formando las _____________o _________ alimenticias o tróficas que describen lo complicado que son las ____________ alimentarias. Se considera que el _________, la _________ y la estructura de las redes están relacionadas con las características del _________.

Actividad 3. Dibuja una red trófica con todos los organismos solicitados en la tabla. Posteriormente anota el nombre de cada organismo en el espacio correspondiente de la tabla

Productores	Consumidores primarios	Consumidores secundarios	Consumidores terciarios	Consumidores cuaternarios	Descomponedores

Flujos de materia y energía

Tanto en las cadenas alimenticias como en las redes tróficas se encuentran los productores o autótrofos, considerados como base de todos los ecosistemas y encargados de fabricar su propio alimento (moléculas orgánicas), y los consumidores o heterótrofos, que se alimentan de otros organismos y así obtienen moléculas orgánicas. La cadena alimentaria muestra el orden en que los organismos se alimentan de otros en un ecosistema, iniciando por los productores u organismos autótrofos y finalizando con los descomponedores en el último nivel o eslabón. En este sentido, se puede observar la forma en que fluye la energía y los nutrientes (materia almacenada en las plantas y animales) de un organismo a otro.

Si bien en las redes existe flujo de materia y energía, este depende del tipo de ecosistema y existen variaciones dependiendo de la estación del año en que se encuentre. Cuando la energía entra en un nivel trófico, parte de ella es almacenada como biomasa y pasa a formar parte del cuerpo del organismo. Esta es la energía que queda disponible para el siguiente nivel trófico, ya que solo la energía almacenada como biomasa puede ser consumida.

Por regla general, solo alrededor del 10 % de la energía almacenada como biomasa en un nivel trófico, por unidad de tiempo, termina como biomasa en el siguiente nivel trófico, en la misma unidad de tiempo. Como ejemplo, supongamos que los productores primarios de un ecosistema almacenan 20 000 kcal/m^2/año de energía en biomasa. Esta es también la cantidad de energía disponible por año para los consumidores primarios que se comen a los productores. La regla del 10 % predice que los consumidores primarios solo almacenarán 2000 kcal/m^2/año de energía en sus cuerpos, lo que reduce la tasa a la que los depredadores —consumidores secundarios— pueden disponer de energía.

En cada nivel o eslabón trófico, una cantidad significativa de energía se disipa en forma de calor por varias razones.

Como el proceso de respiración celular que los organismos llevan a cabo, por algunas moléculas orgánicas que los organismos no utilizan y desechan en forma de excremento y finalmente porque algunos organismos morirán sin haber sido consumidos por organismos del siguiente nivel.

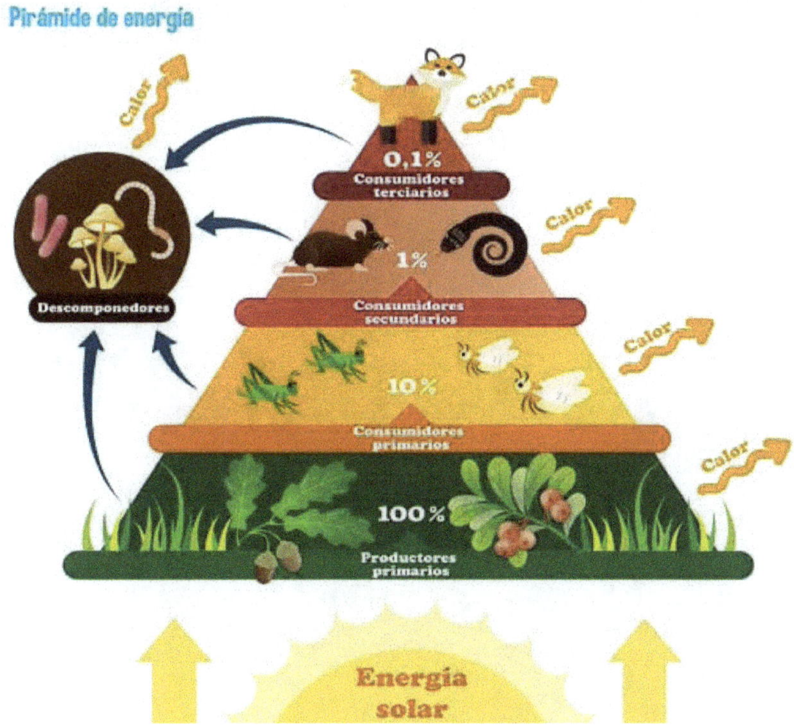

Fig. 2.4. Pirámide de energía.

Impacto en la estructura de la cadena trófica

Las actividades humanas, los incendios forestales, las catástrofes naturales y el calentamiento global son algunas situaciones que afectan la estructura de la cadena trófica en los siguientes aspectos:

- **Disminución o desaparición de niveles tróficos**. Son pocas las cadenas tróficas que tienen más de cuatro o cinco niveles porque la energía y la biomasa disminuyen de niveles inferiores a superiores. Existen tres consecuencias principales de la desaparición de un eslabón en una cadena trófica.

    1. Desaparición de una presa. Desaparecerán los organismos de eslabones posteriores que se alimenten o dependen directamente de ella.
    2. Desaparición de un depredador. Los organismos del nivel inferior a él se multiplicaran y se superpoblará ya que no existiría ningún organismo que lo controle y esto provocaría la desaparición de los organismos que son su fuente de alimento.
    3. Desequilibrio en los niveles inferiores y contiguos.

- **Reducción de biomasa en niveles superiores**. A medida que se asciende en la cadena trófica hay menor cantidad de energía (alimento disponible) y menos organismos pueden ser sostenidos en niveles superiores, donde los organismos en su mayoría son de mayor tamaño y en menor cantidad, por lo tanto, se tiene menor biomasa en los niveles superiores. Esta disminución en la cantidad de organismos y biomasa se puede observar en la pirámide ecológica.
- **Disminución de tamaño de las poblaciones**. El tamaño y crecimiento de una población puede ser afectada por factores dependientes de la densidad cuando existe competencia entre los miembros de una población por alimentos limitados. También puede ser afectada por factores independientes de la densidad como los desastres naturales.

Cierre

Actividad 4. Práctica de ingeniería. El ciclo hidrológico

El ciclo del agua en la naturaleza juega un papel fundamental en el proceso de fotosíntesis para que los productores primarios o plantas puedan procesar su propio alimento y tener la biomasa utilizada como alimento de consumidores primarios. Por lo tanto, resulta trascendente conocer el ciclo hidrológico y además cuidar su fase de estado líquido, ya que es de vital importancia en las actividades humanas.

El ciclo del agua implica la evaporación del agua de los océanos, lagos, lagunas y ríos y la condensación en las capas superiores de la atmosfera donde se forman las nubes, las cuales posteriormente son arrastradas por los vientos hasta las selvas, bosques y desiertos y todos los ecosistemas, donde descargan sus enormes contenidos de agua en forma de lluvia para favorecer el crecimiento de las plantas y al mismo tiempo se infiltra en el subsuelo y recarga los acuíferos.

Propósito

Observar y reconocer las etapas del ciclo del agua y su importancia para la vida en la tierra.

Hipótesis

El ciclo del agua consta de las siguientes etapas: evaporación, condensación, precipitación, infiltración y escorrentía y tiene gran importancia en la generación de electricidad.

Materiales

1. cacerola de 5 litros con tapa de cristal
2. estufa o cualquier fuente de calor directo
3. litros de agua limpia

Procedimiento

Colocar la cacerola sobre la parrilla de una estufa y vaciar los 2 litros de agua limpia, encender la estufa y esperar a que el agua empiece a hervir. Observa con atención la tapa de cristal.

¿Qué etapas del ciclo del agua puedes observar?

____

____

¿Cómo puedes ejemplificar las etapas restantes?

____

____

Resultados

Conclusión

Progresión 7. La energía solar captada por las plantas fluye a través de la biomasa, al ser consumida por los herbívoros y los demás integrantes de la red trófica. En este proceso también no toda la energía de las plantas llega a los siguientes niveles

Apertura

Como vimos anteriormente, el Sol es la fuente de energía para la mayoría de los ecosistemas. Dicha energía se almacena en moléculas biológicas en forma de biomasa dentro de los productores primarios, como las plantas o ciertas bacterias. El carbono presente en las plantas proviene del aire, el cual contiene CO_2. Durante el proceso de fotosíntesis, se forma biomasa como resultado de la transformación de la energía solar en energía química, un proceso conocido como producción primaria.

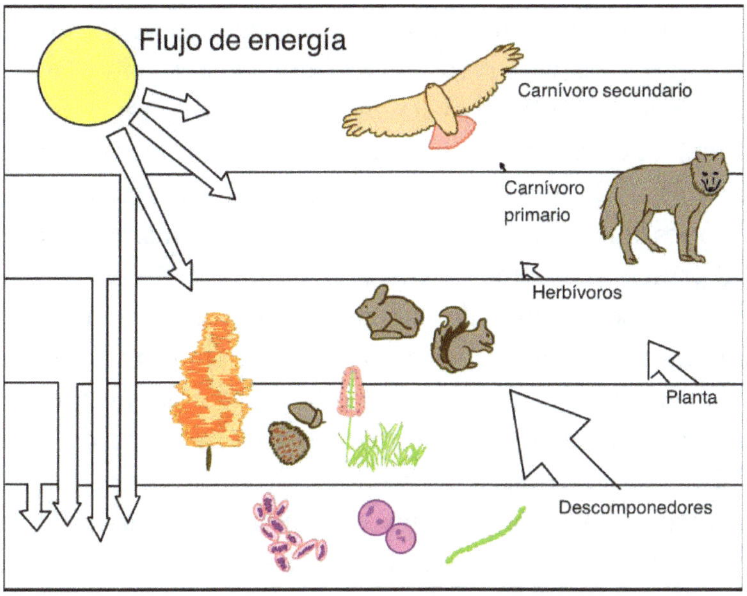

Fig. 2.5. Flujo de energía en la cadena alimentaria.

Para ilustrar cómo fluye la energía a través de la biomasa, tomemos el ejemplo de un prado: el pasto es consumido por las ovejas, y estas, a su vez, son alimento para un lobo. El pasto convierte la energía del Sol en alimento, pero, cuando la oveja lo consume, solo una pequeña parte de esa energía se aprovecha para su crecimiento. Luego, cuando el lobo se alimenta de la oveja, la cantidad de energía disponible es aún menor.

Fig. 2.6. Productor primario y herbívoros.

Cuando la materia y la energía circulan en un ecosistema, ocurren cambios físicos y químicos en los organismos. Un ejemplo de esto es la fotosíntesis: las plantas convierten la energía solar en energía química (glucosa). Luego, cuando un herbívoro consume la planta, utiliza esa energía para crecer y moverse.

La energía disponible disminuye conforme se avanza en la cadena alimentaria. Además, pueden ocurrir cambios en los ecosistemas. Por ejemplo, si se eliminan los lobos de un bosque, la población de ciervos puede aumentar, lo que podría provocar una reducción de las plantas debido al sobrepastoreo.

La energía solar fluye desde las plantas hasta los herbívoros y luego hacia los carnívoros. Sin embargo, en cada nivel trófico, una parte de la energía se pierde en forma de calor, lo que explica la reducción en el número de organismos a medida que se asciende en la cadena alimentaria.

Desarrollo

Flujo de energía en un ecosistema

Fig. 2.7. Biomasa de maíz.

La energía de las plantas (biomasa) fluye a otros seres del ecosistema y es aprovechada como alimento por los consumidores primarios y de esta forma obtienen energía de los enlaces entre los carbonos y de otros enlaces que existen entre las moléculas biológicas y utilizan esa energía para crecer, reproducirse, realizar sus actividades cotidianas y guardan un poco de energía en su biomasa. Es aquí cuando se puede observar claramente las relaciones alimentarias entre los distintos organismos que obedecen al principio de supervivencia.

La relación alimentaria o cadena alimentaria es una sucesión que se lleva a cabo en los ecosistemas y entre los organismos estableciendo interacciones donde los productores primarios (plantas) dan energía en forma de alimento a los consumidores primarios, estos tienen energía almacenada que fluye hacia el consumidor secundario en forma de alimento y así sucesivamente al consumidor terciario hasta llegar al depredador. Recordemos que la energía siempre se conserva y fluye de un nivel a otro hasta llegar a los descomponedores, quienes utilizan la energía de excrementos, desechos y cadáveres para vivir y reproducirse, además de liberar nutrientes y materia que es utilizada nuevamente por las plantas.

Este proceso es poco eficiente y solo se transfiere únicamente el 10 % de un nivel a otro por las siguientes razones: Primeramente, los consumidores primarios no se comen todas las plantas; además, durante su proceso digestivo una cantidad de esa energía se va en el excremento y finalmente mientras los organismos viven y se reproducen liberan un poco de energía en forma de calor.

Función de los herbívoros en un ecosistema

Fig. 2.8 Los herbívoros favorecen el flujo de energía.

Los herbívoros son aquellos seres vivos que consumen biomasa vegetal (plantas) y de esta forma evitan el crecimiento excesivo de la vegetación, además de dispersar las semillas de las plantas. Algunos son responsables de la polinización. Podemos encontrar herbívoros diminutos como los pulgones, pequeños como los chapulines y grades como las jirafas. En todos los casos son los encargados de formar el primer nivel trófico, después de los productores (plantas y algas). Su función es transferir a sus cuerpos la energía química que almacenaron las plantas en sus tejidos vegetales y utilizarla para su crecimiento, reproducción y otras actividades. Cuando los herbívoros consumen biomasa vegetal favorecen el flujo de energía y nutrientes hacia los niveles tróficos superiores y actúan como un enlace entre la energía solar utilizada por las plantas y los niveles tróficos superiores.

Impacto ecológico de los herbívoros en los ecosistemas

La función de los herbívoros no se reduce a comer y ser comidos, existen otras funciones importantes como:

- Fertilizan al suelo por medio de su excremento, promoviendo el crecimiento de la vegetación. Algunos herbívoros como ardillas, conejos, ratas y marmotas mantienen el suelo aireado con sus túneles y madrigueras.
- Los grandes herbívoros como elefantes, búfalos, rinocerontes e hipopótamos nivelan el suelo y abren caminos.
- Los herbívoros son fuente nutricional para los carnívoros y son una parte fundamental en la cadena alimenticia al mantener la dinámica en el flujo de energía que permite el mantenimiento de los ecosistemas y de las poblaciones de depredadores.
- Los herbívoros sirven de control biológico de algunas especies de plantas mediante el pastoreo, ramoneo y herbivoría, evitando que algunas especies de plantas domine y permite la existencia de una variedad de flora manteniendo el equilibrio y la biodiversidad de especies vegetales.

La biomasa

La **biomasa** es un conjunto de materia orgánica heterogénea originada en un proceso biológico expresada en peso por unidad de área o volumen y utilizada como fuente de energía. Todos conocemos la biomasa ya que se encuentra en diferentes aspectos, como hojas secas que tiran los árboles, residuos de cosecha, restos de poda de árboles, corteza de árboles, cáscara de frutos, aserrín, leña, entre otros. La biomasa tiene distintos usos.

Fig. 2.9. Biomasa vegetal, alimento para ganado.

A lo largo de los siglos y desde el descubrimiento del fuego el hombre ha utilizado biomasa para calentarse, cocinar e iluminar sus hogares. En ganadería, las pacas de restos de cosecha sirven de alimento para el ganado, cubriendo necesidades energéticas (alimentación), la industria forestal y la industria de muebles se coordinan para utilizar la madera en la fabricación de muebles, la biomasa también se utiliza para fabricar corchos de distinto uso, funciona como sustrato para sembrar plantas, entre otros usos.

Eficiencia en la transferencia de energía

Fig. 2.10 Biomasa fresca, aporte de energía para los herbívoros.

En la progresión anterior se mencionó que en una cadena trófica se pierden grandes cantidades de energía de un nivel trófico al siguiente a medida que la energía fluye de las plantas (productores primarios) a través de los distintos niveles desde consumidores primarios hasta los descomponedores. Parte de la energía que entra en un eslabón trófico es almacenada como biomasa en el cuerpo de los organismos. Solo aproximadamente el 10 % de la energía almacenada como biomasa en un nivel trófico, por unidad de tiempo, termina como biomasa en el siguiente eslabón trófico en la misma unidad de tiempo, el resto se disipa como calor en el proceso de respiración celular y al momento de realizar sus actividades diarias. Otra cantidad de moléculas orgánicas que consume un organismo salen del cuerpo en forma de excremento y orina y no son utilizadas.

El aumento de biomasa en un período de tiempo determinado recibe el nombre de producción de un sistema o de un área determinada. Debemos reconocer que no toda la energía de las plantas llega a los siguientes niveles, basta observar la imagen que describe una pirámide de biomasa, la cual representa gráficamente la cantidad de energía que pasa de un nivel a otro. Estas pirámides son muy útiles para mostrar la biomasa en un nivel trófico. En esta imagen se puede ver claramente la forma en la que disminuye la cantidad de biomasa a medida que pasa de un eslabón o nivel a otro. Es importante mencionar que las pirámides de biomasa no son exactas, ya que no toda la materia se aprovecha; por ejemplo, cuando un animal (depredador) presente en un nivel se alimenta de otro (herbívoro) situado en un nivel inferior deja restos de piel, huesos, dientes y uñas que no pasan de nivel.

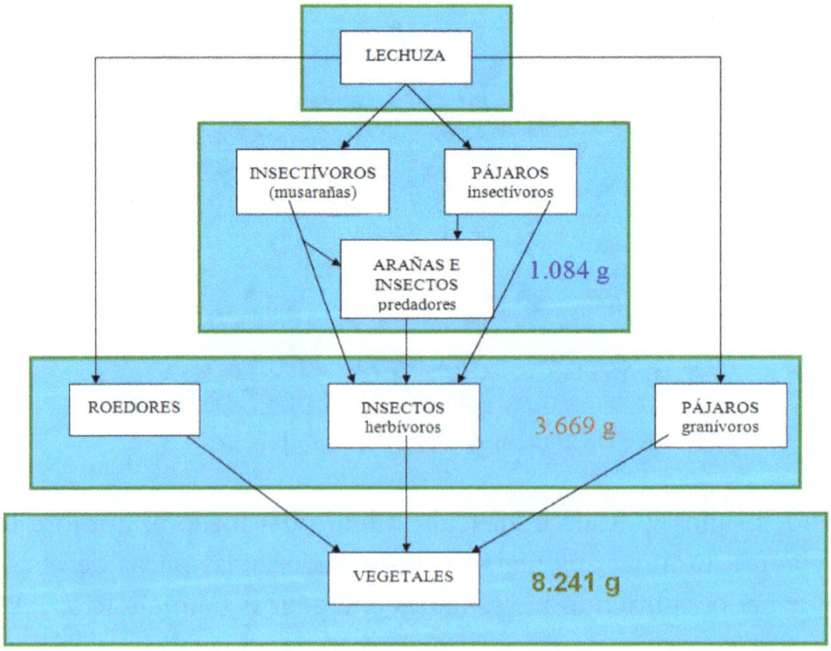

Fig. 2.11. Pirámide de biomasa[3].

3 Fuente: https://core.ac.uk/download/pdf/235859586.pdf

Tipos de biomasa

- **Biomasa agrícola**. Se refiere a cultivos agrícolas principalmente herbáceos o semileñosos producidos con fines energéticos, para alimentación de ganado como es el caso de los cultivos de alfalfa, sorgo y pastos forrajeros. También se refiere a los residuos de cosecha de maíz, trigo, sorgo o a la biomasa generada de la limpieza de jardines o limpieza de mercados, específicamente el área de frutas y verduras a la cual se le llama biomasa sólida y en algunos casos es de utilidad en la elaboración de composta.

- **Biomasa forestal**. Aquella que resulta de la extracción de árboles (ramas) para uso maderable o con fines de ornato (árboles navideños) o los restos de árboles cortados en las zonas urbanas por riesgo a la sociedad y restos de poda de árboles en el mantenimiento de espacios verdes, jardines, campos de golf , escuelas y áreas verdes en general.

- **Biomasa ganadera**. Son las heces y orina de los animales, que en algunas granjas de porcinos y bovinos las colectan en biodigestores para generar biogás utilizado en las diferentes áreas de la misma granja como una forma de contribuir a la sanidad de los lugares circundantes (ríos o barrancas) para reducir fuentes de contaminación.

- **Biomasa industrial**. Son semillas, cáscaras, aserrín y desechos que la industria aparta después de procesar alimentos, bebidas alcohólicas, aceites, etc. También son sobrantes y desechos de materia prima utilizada en la fabricación de muebles, calzado, artículos de piel, entre otros.

ACTIVIDAD 1. Completa el cuadro sinóptico de biomasa y energía. Con ayuda de tu docente, comparen sus respuestas

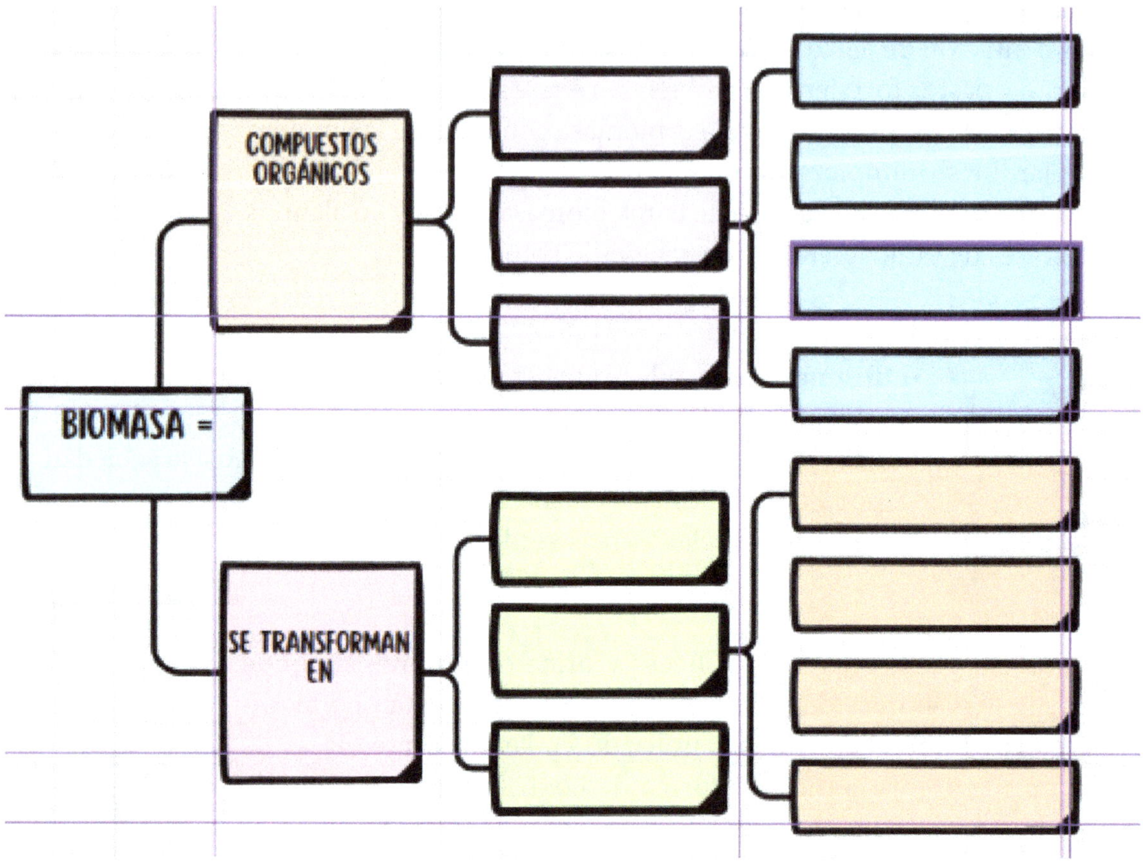

Energía de la biomasa

La biomasa representa una alternativa sustentable ante el calentamiento global por ser una fuente de energía renovable ya que su contenido energético procede del proceso de fotosíntesis. Los productos procedentes de la biomasa se utilizan como biocombustibles que pueden ser sólidos, líquidos o gaseosos usados en transporte, electricidad o como materia prima para la industria. Los cultivos energéticos sembrados con la finalidad de producir biomasa y transformarlos en biocombustible son principalmente la caña de azúcar y el maíz para obtener bioetanol en países como Brasil y Estados Unidos principalmente.

La producción de energía primaria con biomasa en la Unión Europea es un ejemplo a seguir en el resto del mundo y es que países como Francia, Suecia, Finlandia y Alemania se encuentran a la vanguardia. La producción de electricidad a partir de biomasa: Finlandia, Suecia, Alemania se encuentran a la vanguardia. La producción de electricidad con biogás la encabezan Alemania, Reino Unido, Italia, España y Grecia.

Actividad 2. Resuelve la sopa de letras y completa los enunciados

1. La _________ es un conjunto de materia orgánica heterogénea originada en un proceso biológico.
2. Los ___________ que se encuentran en las plantas provienen del aire y el aire contiene CO_2.
3. La biomasa ___________ proviene de cultivos agrícolas principalmente herbáceos o semileñosos.
4. Durante el proceso de __________ se da la formación de biomasa.
5. La biomasa ________ proviene de semillas, cáscaras, aserrín y desechos de la industria.
6. La relación alimentaria es una ______ que se lleva a cabo en los ecosistemas.
7. La formación de biomasa es el resultado de la transformación de la energía solar en energía química conocida como producción ___________.
8. La biomasa _________ se encuentra en las heces y orina de los animales como porcinos y bovinos, entre otros.
9. La biomasa _______resulta de la extracción de árboles (ramas) para uso maderable o con fines de ornato (árboles navideños).
10. Los restos de ___________ sirven de alimento para el ganado cubriendo necesidades energéticas (alimentación).
11. Las relaciones alimentarias entre los distintos organismos obedecen al principio de _____________.
12. La energía del sol se almacena en moléculas biológicas como biomasa en los ______________ primarios o plantas o bacterias.
13. Los descomponedores liberan ____________ y materia que es utilizada nuevamente por las plantas.
14. Los productos procedentes de la biomasa se utilizan como biocombustibles que pueden sustituir al _____________ derivado del petróleo.
15. La transferencia de energía es un proceso poco ___________; solo se transfiere únicamente el 10 % de un nivel a otro.
16. La _____________________fluye a otros seres del ecosistema y es aprovechada como alimento por los consumidores primarios.

ENERGÍA DE LA BIOMASA

O	G	A	N	A	D	E	R	A	I	W	B	E	N	F
S	U	C	E	S	I	Ó	N	R	Q	S	X	Y	J	H
N	U	T	R	I	E	N	T	E	S	K	Q	V	T	G
N	B	I	C	B	S	E	F	I	C	I	E	N	T	E
Z	E	N	E	R	G	Í	A	B	I	O	M	A	S	A
C	O	S	E	C	H	A	G	R	Í	C	O	L	A	O
S	U	P	E	R	V	I	V	E	N	C	I	A	E	X
Y	H	R	F	O	T	O	S	Í	N	T	E	S	I	S
U	S	X	K	R	T	P	R	I	M	A	R	I	A	W
B	F	P	R	O	D	U	C	T	O	R	E	S	P	R
Y	L	M	S	F	N	L	C	A	R	B	O	N	O	S
A	G	W	B	I	N	D	U	S	T	R	I	A	L	N
W	Z	B	I	O	M	A	S	A	W	P	M	F	L	Q
K	F	O	R	E	S	T	A	L	D	Z	Q	W	Z	U
X	M	R	X	C	O	M	B	U	S	T	I	B	L	E

AGRÍCOLA
CARBONOS
COSECHA
ENERGÍA BIOMASA
FOTOSÍNTESIS
INDUSTRIAL
PRIMARIA
SUCESIÓN

BIOMASA
COMBUSTIBLE
EFICIENTE
FORESTAL
GANADERÍA
NUTRIENTES
PRODUCTORES
SUPERVIVENCIA

Cierre

Actividad 3. Practica de ingeniería. Cálculo de biomasa de hojas de maíz

La biomasa es la materia orgánica que proviene de plantas y animales principalmente y fue la fuente de energía más utilizada por la humanidad hasta la revolución industrial. Actualmente en algunos lugares, principalmente comunidades rurales, sigue siendo el sustituto del combustible fósil. La biomasa como recurso renovable puede ser utilizada para alimento de ganado, fertilizante orgánico y producción de biocombustibles, entre otros.

Propósito

Determinar la biomasa de 1 kg de hojas de maíz utilizando la técnica de secado y pesado.

Materiales:

- Balanza
- Guantes de laboratorio
- Horno de secado o estufa
- Marcadores o etiquetas
- Tijeras o cuchillo
- Muestra de hojas de maíz
- Papel aluminio

Procedimiento

Cortar las hojas en aproximadamente cuatro partes y pesar. Registra el peso en tu libreta de notas

Secado de las hojas

Envuelve las hojas en papel aluminio y coloca en un horno de secado o estufa a una temperatura de 60 a 80 °C por 48 horas. Posteriormente usa los guantes para retirar la muestra del horno y deja enfriar a temperatura ambiente. Una vez que la muestra se encuentre seca, pesa y registra en tu libreta de notas.

Cálculo de biomasa

Calcula la biomasa de las hojas de maíz utilizando la siguiente fórmula
Biomasa = Masa inicial (fresco)-Masa en seco

Resultados

Conclusión

Progresión 8. En las redes tróficas disminuyen los niveles debido a que la cantidad de energía disponible que se transfiere al siguiente nivel es cada vez menor

Apertura

En la naturaleza existen diversos ecosistemas, cada uno albergando poblaciones y comunidades de animales y plantas. Dentro de estas poblaciones, las interacciones entre los organismos determinan la estructura de las cadenas alimenticias y las redes tróficas. Todos los seres vivos requieren energía para sobrevivir. Esta energía fluye desde los productores primarios hasta los consumidores primarios, secundarios, terciarios y cuaternarios, y finalmente llega a los descomponedores. La dinámica de las poblaciones en un ecosistema está directamente relacionada con la disponibilidad de energía, la cual varía y afecta la abundancia, diversidad, distribución y comportamiento de las especies.

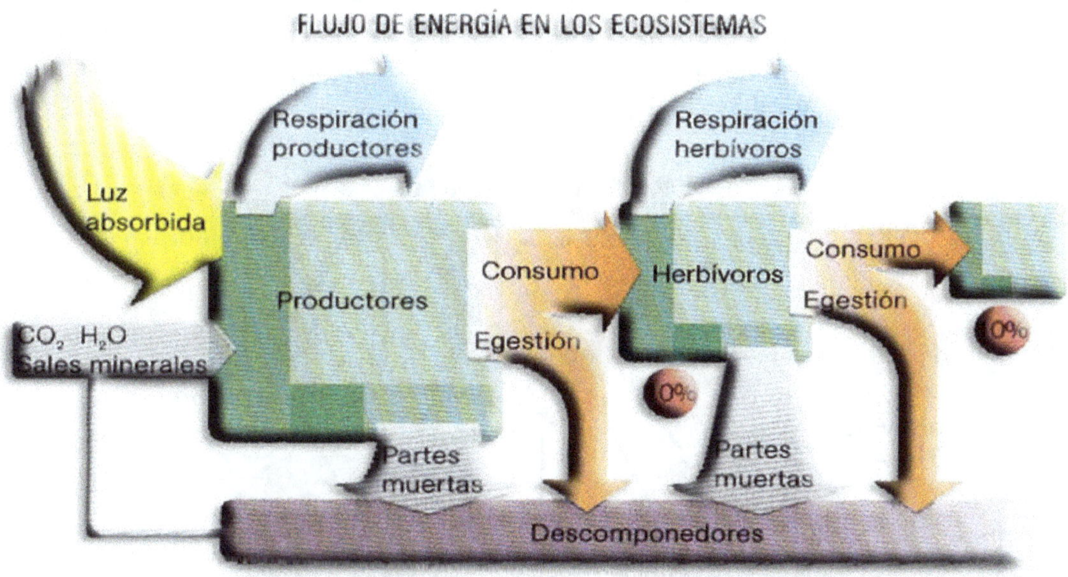

Fig. 2.12. Flujo de energía en los ecosistemas.

Como hemos visto anteriormente, la cantidad de energía disponible disminuye a medida que se asciende en los niveles tróficos, lo que también reduce la biomasa y la cantidad de organismos en los niveles superiores. Además de la disponibilidad de energía, otros factores influyen en la biomasa y la diversidad de los organismos, tales como la destrucción de hábitats, sequías prolongadas, incendios, contaminación, cambio climático y la introducción de especies invasoras.

Para comprender la estructura de las redes tróficas, es fundamental conocer sus componentes principales:

- **Productores:** Organismos autótrofos como plantas y algas.
- **Consumidores:** Organismos heterótrofos, incluyendo herbívoros (consumidores primarios) y carnívoros (consumidores secundarios, terciarios y cuaternarios).
- **Descomponedores:** Organismos como hongos y bacterias, que descomponen la materia orgánica y la transforman en nutrientes esenciales para el ecosistema.

Por ejemplo, en una cadena trófica simple:

1. El pasto (productor) capta energía del sol y la convierte en materia orgánica mediante la fotosíntesis.
2. Una oveja (consumidor primario) se alimenta del pasto.
3. Un lobo (consumidor secundario) se alimenta de la oveja.
4. Cuando la oveja y el lobo mueren, los descomponedores transforman sus restos en nutrientes que regresan al suelo, completando el ciclo.

A lo largo del ciclo de la materia y la energía en un ecosistema, ocurren transformaciones físicas y químicas. En el ejemplo anterior, la ingestión del alimento por parte de la oveja y el lobo representa un cambio físico, mientras que la descomposición de sus cuerpos en nutrientes constituye un cambio químico.

Estos procesos contribuyen al ciclo del carbono, mediante el cual este elemento se intercambia entre la biosfera, la atmósfera y los océanos. Comprender estas interacciones nos permite valorar y proteger los organismos que conforman las redes alimentarias que existen en el ecosistema que habitamos.

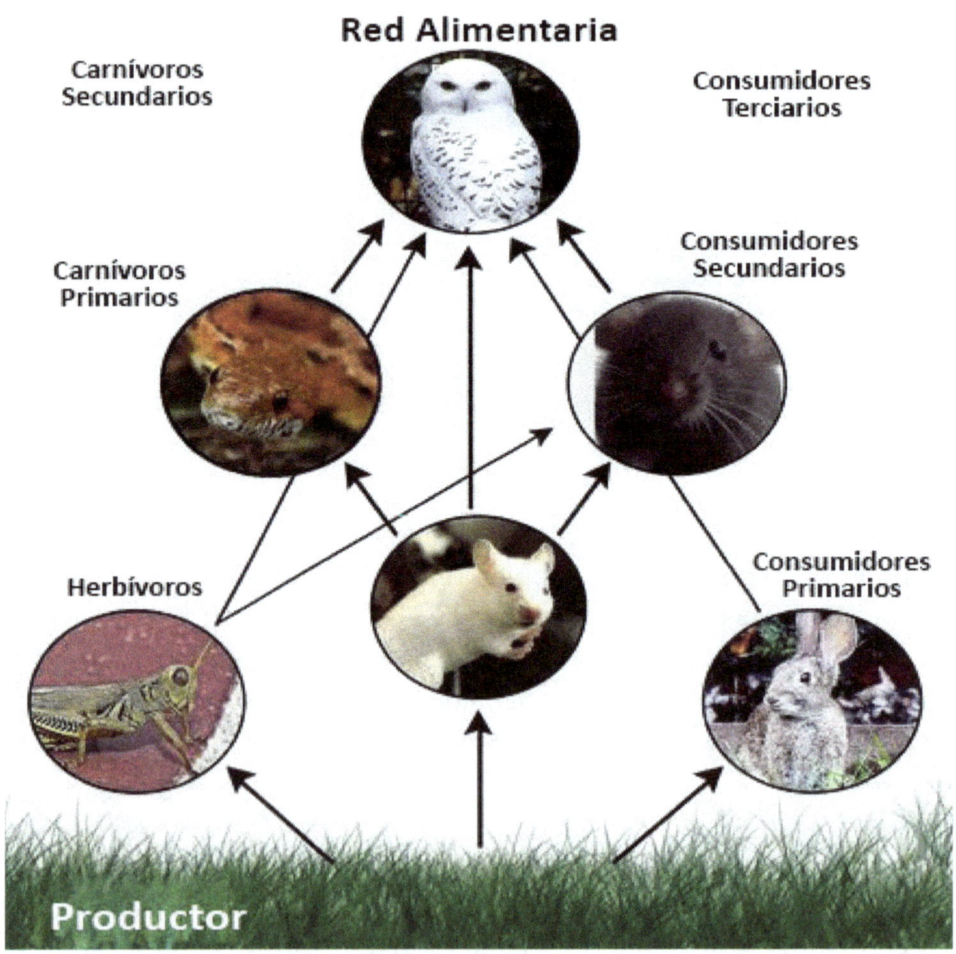

Fig. 2.13. Proteger a los organismos que integran la red trófica permite el equilibrio en los ecosistemas.

Desarrollo

Impacto por pérdida de energía en redes tróficas y ecosistemas

Población. Se define como el conjunto de organismos o individuos de una misma especie, que viven en un área determinada y son capaces de reproducirse entre sí. Las principales propiedades de las poblaciones en un ecosistema son la edad, la distribución, la densidad y su estructura social.

Factores limitantes

En 1840 J. Liebig establece la Ley del Mínimo la cual manifiesta que el índice de crecimiento de cada organismo está limitado por algún nutriente esencial presente en cantidad mínima y que es el recurso más escaso. Liebig estudió los factores que afectan el crecimiento de las plantas y descubrió que, con frecuencia, el rendimiento de los cultivos estaba limitado no solo por nutrientes que se requerían en grandes cantidades como el agua o el dióxido de carbono, sino por algunas trazas de minerales como el boro o el magnesio.

Fig. 2.14. Las palmeras resisten fuertes vientos.

Esta ley del mínimo explica por qué no todos los animales y plantas están distribuidos uniformemente en el mundo, ya que algunas regiones de la tierra son demasiado cálidas o frías, otras son secas o húmedas, y aunque el ambiente no llega a eliminar organismos adultos, puede tener un efecto sobre las especies o evitar su reproducción o algunas otras etapas de su desarrollo (Ondarza, 1993).

Ecosistema. Es un sistema compuesto por seres vivos y no vivos que interactúan con su medio físico en una zona determinada. Las interacciones pueden ser físicas, químicas o biológicas. Los componentes de un sistema ecológico o ecosistema son los organismos que los integran, que constituye la **biocenosis** y el medio físico donde habitan, el cual se conoce como **biotipo** (Valdivia, 2002).

Cada **ecosistema** cuenta con sus propias condiciones de temperatura, humedad, tipo de suelo, disponibilidad de agua, etc. Estas condiciones propician que las plantas abunden o sean escasas, como en los casos de las selvas y los desiertos. La energía proporcionada por las plantas es limitada tanto por cantidad como por calidad, en los ecosistemas selváticos o forestales, la disponibilidad de alimentos es mayor y por lo tanto, los niveles tróficos aumentan hasta 4 o 5, sin embargo, en los ecosistemas áridos, los niveles tróficos disminuyen a 2 o 3 debido a que la disponibilidad de alimentos es menor.

Redes tróficas. Una red trófica es una interrelación natural entre las cadenas alimenticias de una comunidad ecológica. Se representa de manera gráfica mediante las imágenes de los animales que intervienen en ella relacionados con flechas que indican hacia donde fluye la energía, esto es, quien sirve de alimento a quien. Se componen de varias cadenas alimentarias interrelacionadas y ayudan a representar las formas en las que se alimentan los animales dentro de las comunidades y poblaciones, esto propicia literalmente un mapeo de los hábitos de consumo de los organismos en cada ecosistema.

Red trófica del desierto. Los desiertos son ecosistemas de baja productividad dadas las condiciones ambientales adversas que lo caracterizan, como es la escasez de agua y temperaturas extremas. Dichas condiciones ambientales condicionan una escasa cobertura vegetal, por lo que la producción es restringida y la fauna presente es escasa. Los componentes de la red trófica del desierto son:

Fig. 2.15. Zona semidesértica de la reserva de la biosfera Cuicatlan-Tehuacán.

- **Productores primarios**: Plantas xerófitas como cactus y arbustos resistentes a la sequía.
- **Consumidores primarios**: Herbívoros como roedores del desierto, insectos y algunos reptiles.
- **Consumidores secundarios**: Pequeños depredadores como lagartos y serpientes.
- **Consumidores terciarios**: Predadores más grandes como coyotes y aves rapaces.
- **Descomponedores**: Existen pocos descomponedores por la escasa humedad, los más representativos son las bacterias que se encuentran en el aire.
- **Dinámica trófica**: La energía y los nutrientes disponibles son limitados, lo que conduce a una estructura trófica con pocos niveles y baja densidad de población en cada nivel. La eficiencia de transferencia de energía es baja debido a la escasez de recursos.
- **Disminución de niveles tróficos:** La disminución de los niveles tróficos en el desierto se debe principalmente a la escasa disponibilidad de agua y nutrientes, lo que limita la biomasa de los productores primarios. Esto a su vez restringe la cantidad de energía disponible para los consumidores secundarios y terciarios.

Red trófica de la selva: La selva tropical es uno de los ecosistemas más biodiversos y productivos del planeta, con una alta tasa de precipitación, temperatura constante y un suelo rico en nutrientes. En este ecosistema la diversidad de organismos abunda, así como los microambientes que se generan en el mismo. Por ende, las interacciones que se producen son igual de diversas. Los componentes principales de las redes de la selva son:

Fig. 2.16. Biodiversidad en la selva.

- **Productores primarios**: Una gran variedad de árboles, plantas y epífitas.
- **Consumidores primarios**: Insectos, aves frugívoras, roedores y mamíferos herbívoros.

- **Consumidores secundarios**: Serpientes, aves de presa y pequeños mamíferos carnívoros.
- **Consumidores terciarios**: Grandes depredadores como jaguares, águilas y anacondas.
- **Consumidores cuaternarios**: Son grandes depredadores como el cocodrilo con una dieta muy amplia, ya que cuando es joven se alimenta de animales de menor tamaño como peces y pequeños anfibios y cuando es adulto se alimenta de otros reptiles o mamíferos de gran tamaño.
- **Descomponedores**: Algunos organismos como termitas, lombrices y hongos se encargan de la descomposición de la materia en la selva.
- **Dinámica trófica:** La alta biodiversidad y la complejidad estructural de la selva permiten una red trófica densa con múltiples interacciones y muchas especies en cada nivel trófico. La alta productividad primaria soporta una mayor biomasa de consumidores secundarios y terciarios.
- **Disminución de niveles tróficos:** A pesar de la alta biodiversidad, factores como la deforestación y la fragmentación del hábitat están llevando a una disminución en los niveles tróficos al reducir la cantidad de hábitat disponible y la interrupción de las cadenas alimentarias. Esto puede llevar a la pérdida de especies clave y la simplificación de la red trófica.

Red trófica del bosque. Es un sistema complejo de interacciones alimenticias que se establece entre los diferentes organismos que habitan los ecosistemas boscosos y cada organismo juega un papel crucial en el equilibrio del ecosistema. Al igual que otras redes tróficas terrestres, en la red trófica del bosque los organismos se encuentran organizados en los siguientes niveles tróficos.

Fig. 2.17. Los bosques equilibran los ecosistemas.

- **Productores**: Son organismos autótrofos (plantas y árboles) que constituyen la base de la red trófica al capturar la energía solar y convertirla en materia orgánica que será alimento de los organismos que se encuentran en el siguiente nivel.
- **Consumidores primarios**: Animales herbívoros que se alimentan de plantas, por ejemplo, conejos, ciervos e insectos herbívoros.
- **Consumidores secundarios**: Organismos carnívoros que se alimentan de herbívoros como zorros, aves rapaces y serpientes.
- **Consumidores terciarios**: Animales carnívoros que se alimentan de otros carnívoros como el lince, águila real y la lechuza.
- **Descomponedores**: Organismos como hongos y bacterias que descomponen la materia orgánica muerta, devolviendo los nutrientes al suelo.
- **Dinámica trófica**: En el bosque la red trófica es un sistema complejo, donde cada organismo cumple un papel específico en la transferencia de energía. Si alguno de ellos desaparece o se ve afectada, esto puede tener efectos en la cadena del sistema, por ejemplo, la disminución de los depredadores terciarios como lobos o pumas, en algunos lugares, provoca un aumento descontrolado de las poblaciones de sus presas y esto a su vez afecta la vegetación del bosque.

Red trófica de la sabana. Las sabanas son ecosistemas caracterizados por una mezcla de praderas y árboles dispersos, con estaciones secas y lluviosas bien definidas. Los componentes principales de la sabana son:

Fig. 2.18. Fauna representativa de la sabana africana.

- **Productores primarios**: Pastos y árboles resistentes a la sequía.
- **Consumidores primarios**: Grandes herbívoros como cebras, antílopes y elefantes.
- **Consumidores secundarios**: Depredadores como leones, hienas y guepardos.
- **Consumidores terciarios:** Carroñeros como buitres.
- **Descomponedores**: Bacterias y hongos que se alimentan de materia orgánica en descomposición, termitas y lombrices de tierra.
- **Dinámica trófica:** La sabana presenta una alta biomasa de animales herbívoros, lo que indica que alberga una significativa población de depredadores grandes. Las interacciones tróficas son dinámicas, presentan fluctuaciones estacionales en la disponibilidad de recursos.
- **Disminución de niveles tróficos**: La disminución de los niveles tróficos en la sabana puede ser atribuida a la caza furtiva, la pérdida de hábitat debido a la expansión agrícola, y el cambio climático. Estos factores reducen la población de grandes herbívoros y depredadores, simplificando la estructura trófica y disminuyendo la estabilidad del ecosistema.

Red trófica marina. La diversidad de ambientes marinos determina una gran variedad de redes tróficas. En este caso destacan dos tipos de redes tróficas básicas que son la basada en el fitoplancton y la sustentada por arqueas quimiosintéticas.

Fig. 2.19. Delfines como controladores de poblaciones de peces.

Red trófica del fitoplancton. La red trófica más característica del ambiente marino tiene en su base la actividad del fitoplancton (organismos microscópicos fotosintéticos que flotan en las capas superficiales del agua). A partir de estos productores se generan diversas cadenas alimentarias que van conformando las complejas redes tróficas marinas, mediante los siguientes niveles tróficos:

- **Productores**: El fitoplancton incluye numerosas especies de cianobacterias, protistas y algas unicelulares como las diatomeas. Son autótrofos fotosintéticos que forman poblaciones de miles de millones de individuos microscópicos que son arrastrados por las corrientes marinas y sirven de alimento a los consumidores primarios. En aguas menos profundas, donde llega la luz solar, se desarrollan praderas de algas e incluso de angiospermas acuáticas. Los productores también sirven de alimento a peces, tortugas marinas y otros organismos que a su vez son depredados.
- **Consumidores primarios:** Uno de los principales es el zooplancton, que son animales microscópicos que forman parte también del plancton y se alimentan del fitoplancton. Además, otros consumidores primarios son la ballena azul, el tiburón ballena y muchos peces. En los

arrecifes coralinos los pólipos de coral se alimentan del fitoplancton y a su vez otros organismos se alimentan de los pólipos. Tal es el caso del pez loro (Scaridae) y de la estrella corona de espinas (*Acanthaster planci*).

- **Consumidores secundarios:** Una diversidad de organismos que se alimentan de peces, tales como otros peces, anémonas, focas y leones marinos.
- **Consumidores terciarios:** Los grandes depredadores marinos son los tiburones, especialmente las especies más grandes como el tiburón blanco. Otro gran depredador de mar abierto es la orca y los delfines, siendo una de las presas favoritas de la orca las focas que a su vez se alimentan de peces.
- **Descomponedores:** El proceso de descomposición es ayudado por las condiciones del ambiente marino y la acción de bacterias y gusanos descomponedores.
- **Red trófica de arqueas quimiosintéticas:** En las fuentes hidrotermales que hay en las dorsales oceánicas a más de 2000 m de profundidad, existen unos ecosistemas muy peculiares. Tomando en cuenta que los fondos marinos a esas profundidades son casi desiertos, destaca la explosión de vida que hay en estas áreas y se encuentran los siguientes niveles tróficos:
- **Productores:** A estas profundidades no llega la luz solar, por lo tanto, no puede desarrollarse el proceso de fotosíntesis. Es por esto que la red trófica de estos ecosistemas está sustentada en organismos autótrofos que obtienen la energía de otra fuente. En este caso se trata de arqueas que son capaces de oxidar compuestos inorgánicos como el azufre y producir energía química. Estas bacterias encuentran un ambiente propicio para su multiplicación masiva gracias a las aguas cálidas de las fumarolas generadas por la actividad volcánica. De igual forma, estas fumarolas expulsan los compuestos como el azufre que sirven para su quimiosíntesis.
- **Consumidores primarios:** Animales como almejas, gusanos y otros organismos se alimentan de las arqueas. Asimismo, se presentan asociaciones simbióticas muy particulares como la del gasterópodo denominado caracol de pie escamoso (*Crysomallon squamiferum*). Este caracol depende exclusivamente de la relación simbiótica que establece con las arqueas quimiosintéticas que le proveen de alimento.
- **Consumidores secundarios:** Algunos peces abisales se alimentan de otros organismos que a su vez consumen las bacterias quimiosintéticas.
- **Detritívoros:** En las profundidades oceánicas existen especies de peces, gusanos y otros organismos que viven de los restos orgánicos que se precipitan desde la superficie.

Actividad 1. Indica si los siguientes enunciados son verdaderos o falsos

	En una red trófica la energía se transfiere en forma de alimento de un nivel a otro.	
	Las redes tróficas del desierto son igual a las redes tróficas de la selva.	
	La disponibilidad de alimento es igual en los ecosistemas selváticos que en los ecosistemas áridos.	
	Los seres humanos obtienen energía de autótrofos, herbívoros y omnívoros.	
	Los seres humanos consumen alimentos procesados (enlatados, embutidos, empaquetados y embotellados) sin depender de plantas y animales.	
	Todos los ecosistemas tienen el mismo tipo de suelo, temperatura y humedad.	
	Los depredadores se alimentan de un mismo tipo de presa.	
	En las redes tróficas disminuyen los niveles.	
	La lombriz roja californiana es un consumidor primario.	
	El león y el tiburón se encuentran en el último nivel de una red trófica.	
	Comprender el funcionamiento y la dinámica de las relaciones alimenticias es fundamental para la conservación de la biodiversidad y el equilibrio de los ecosistemas naturales.	
	La selva tropical es uno de los ecosistemas con menos biodiversidad y productividad.	
	La disminución de los niveles tróficos en la sabana puede ser atribuida a la caza furtiva, la pérdida de hábitat debido a la expansión agrícola, y el cambio climático.	
	Un ecosistema es un sistema compuesto por seres vivos y no vivos que interactúan con su medio físico en una zona determinada.	
	Las actividades antrópicas no perjudican a los ecosistemas.	

Actividad 2. Realiza investigación en fuentes confiables para que reconozcas la importancia y beneficio de las redes tróficas para la supervivencia humana y la de muchos organismos. Posteriormente, analiza la situación que se menciona en cada red trófica, desarrolla la situación y emite algunas recomendaciones para que las redes tróficas tengan mayor estabilidad. Puedes elaborar tu propio esquema

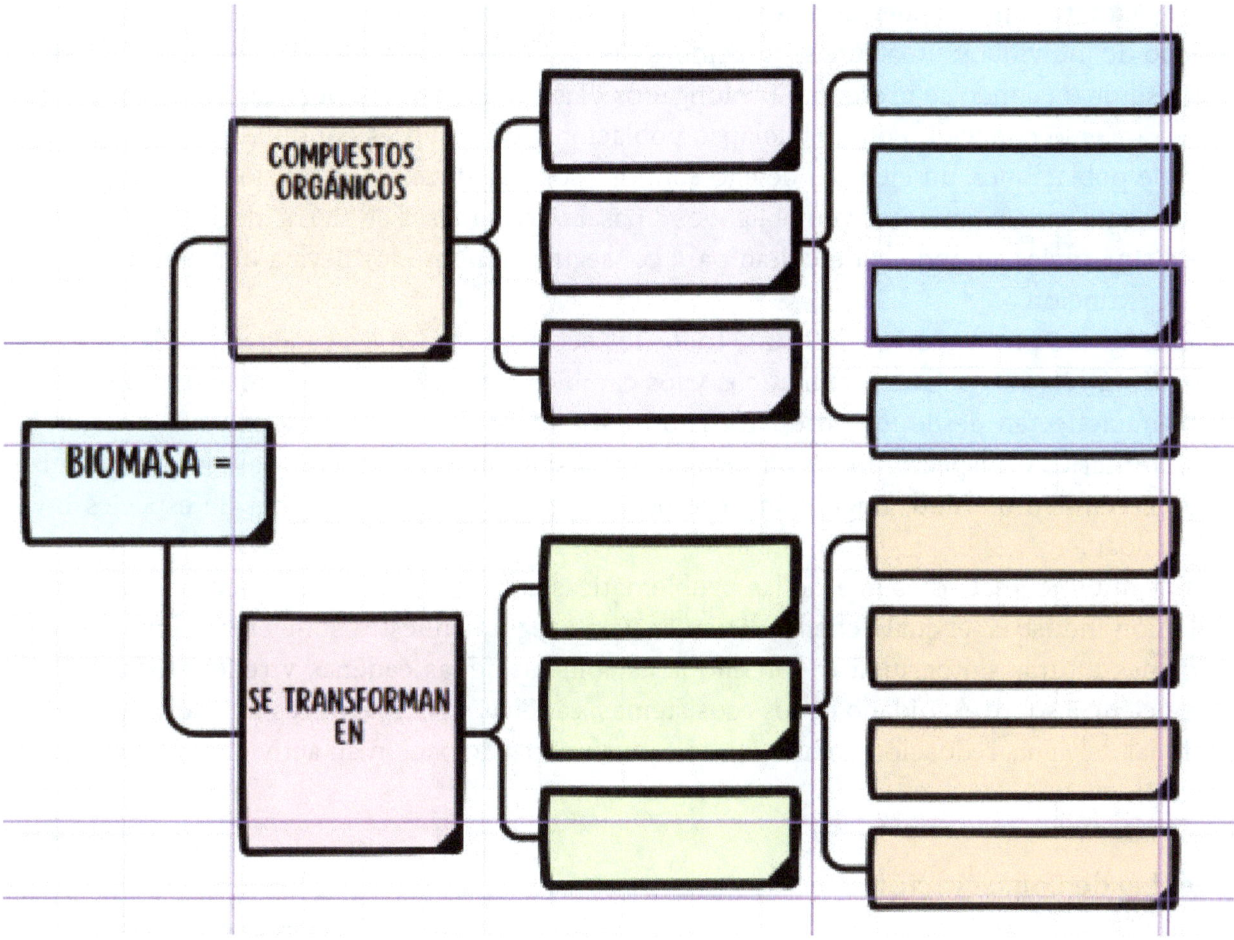

Disminución del número de niveles tróficos

Anteriormente se mencionó que, debido a la baja eficiencia en la transferencia de energía, son pocos los niveles tróficos que pueden subsistir en un ecosistema, ya que, a medida que ascendemos a niveles superiores, la disponibilidad energética disminuye porque muchos animales utilizan más de una cadena para alimentarse. Por ejemplo, un productor (bellotas) puede ser el alimento de varios herbívoros (venados y jabalíes) y estos pueden ser la presa de varios carnívoros (puma, lince, osos y lobos). Estas conexiones entre cadenas alimentarias forman las redes tróficas y muestran la regla del 10 %. Esto indica que la energía disponible en un determinado nivel trófico es del 10 %, la cual es utilizada en la síntesis de nueva materia orgánica en el siguiente nivel y el resto se consume en respiración, excreción y reproducción. Por tal motivo, el número de organismos en los niveles superiores es menor, ya que, en una red trófica, a mayor número de niveles tróficos, mayor es la pérdida de energía.

Factores ambientales y estilos de vida

Los factores abióticos como el suelo, el agua y el clima juegan un papel importante en los ecosistemas y forman la base de las cadenas alimenticias. Los cambios estacionales y climáticos afectan la disponibilidad de energía y luz, con ello los productores primarios pueden reducir la cantidad de fotosíntesis y esto afecta la disponibilidad de energía y alimentos para los organismos de todas las cadenas y redes tróficas.

Los factores ambientales también influyen en la dinámica de poblaciones, específicamente en la cantidad de individuos; en algunas situaciones puede haber explosión demográfica como es el caso de los mosquitos cuando se presentan prolongados días cálidos y húmedos y en otros casos existe un fenómeno inverso conocido como el colapso poblacional que a veces conduce a la extinción o desaparición de poblaciones; un ejemplo de ello son los osos que viven en áreas donde el hielo se derrite completamente cada verano y se ven obligados a pasar varios meses en tierra, donde se concentran en pequeñas superficies y dónde la dificultad para conseguir alimento los lleva a una situación crítica de peligro de extinción.

Uno de los problemas que afecta a todos los ecosistemas y a las cadenas y redes tróficas es el **cambio climático**. Los patrones climáticos y los cambios extremos, así como los prolongados periodos de sequía afectan desde los productores primarios hasta los consumidores secundarios, terciarios y cuaternarios en aspectos importantes como la disponibilidad de agua y alimentos, polinización, ciclos de crecimiento, salud, migración de especies, reproducción, presencia de especies invasoras y biodiversidad.

El cambio climático es una de las problemáticas causadas por las actividades humanas desde la revolución industrial el cual debemos atender para asegurar nuestra suficiencia alimentaria y la de generaciones futuras sin perjudicar con ello la estabilidad de las cadenas y redes tróficas. Debemos hacer conciencia sobre el cuidado de los ecosistemas, cadenas y redes tróficas mediante actividades de uso racional del agua, reducción de hábitos de consumo, participación en actividades de reforestación, entre otras.

Estrategias de conservación

Existen diversas estrategias para la conservación de los ecosistemas, implementadas por gobiernos, instituciones especializadas en ecología, organizaciones privadas y fundaciones. Conocer estas estrategias nos permite participar activamente, ya sea de forma directa o indirecta. A continuación, se presentan algunas de las más importantes:

Reforestación. Participar en programas de reforestación en zonas rurales o urbanas afectadas por incendios forestales, sobrepastoreo o tala inmoderada contribuye a la restauración de los ecosistemas. La reforestación incrementa la captación de energía solar por parte de las plantas, favorece la fotosíntesis, mejora la disponibilidad de alimento en las cadenas y redes alimentarias, proporciona recursos para la humanidad y crea espacios de refugio para la fauna.

Fig. 2.20. Reforestación en áreas urbanas para mitigar las olas de calor.

Agricultura sostenible. La agricultura sostenible abarca el cuidado de los ecosistemas, así como el bienestar social y económico. Dado que la agricultura es una de las actividades con mayor impacto ecológico debido al uso de agroquímicos y maquinaria, es fundamental impulsar prácticas sostenibles. Instituciones gubernamentales, educativas y fundaciones trabajan en el manejo responsable de los recursos naturales, promoviendo cambios que garanticen la satisfacción de las necesidades presentes sin comprometer las futuras generaciones.

Este modelo agrícola busca conservar la tierra, el agua y los recursos genéticos vegetales y animales sin causar degradación ambiental. Para apoyar esta iniciativa, podemos optar por consumir productos locales y regionales cultivados con fertilizantes orgánicos o fomentar este tipo de agricultura en las instituciones educativas.

El campo de la agricultura sostenible es amplio e integral, ya que abarca el cuidado de los ecosistemas, el bienestar social y el desarrollo económico. Su principio fundamental es fomentar un trabajo conjunto para lograr un campo biodiverso y sostenible, reconociendo que la agricultura es una de las actividades con mayor impacto ecológico debido al uso intensivo de insumos agroquímicos y maquinaria para la producción de alimentos en beneficio de la humanidad.

Por ello, es fundamental valorar el esfuerzo de las instituciones gubernamentales, educativas y fundaciones que apoyan este tipo de agricultura, promoviendo el manejo sostenible de los recursos y generando cambios que garanticen la satisfacción de las necesidades tanto de las generaciones actuales como de las futuras.

Fig. 2.21. Uso racional del agua en la agricultura.

La agricultura sostenible se enfoca en conservar la tierra, el agua y los recursos genéticos vegetales y animales sin degradar el ambiente. Como sociedad, debemos involucrarnos apoyando la compra de productos regionales y locales cultivados con fertilizantes orgánicos o, en su defecto, promover este tipo de agricultura en las instituciones educativas.

Áreas naturales protegidas. Otra forma de proteger y preservar los ecosistemas es mediante el decreto de Áreas Naturales Protegidas. Con ello se preservan especies endémicas, se salvaguarda la diversidad genética de las especies, proporciona campo para la investigación científica, permite la regeneración y el equilibrio de las cadenas y redes tróficas. Las áreas Naturales protegidas se dividen en las siguientes categorías:

- Reservas de la biósfera
- Parques nacionales
- Áreas de protección de flora y fauna
- Áreas de protección de recursos naturales
- Monumentos naturales
- Santuarios
- Áreas destinadas voluntariamente a la conservación

Conservación de especies. SEMARNAT reporta que en los últimos 100 años han desaparecido 279 especies, más de dos al año y cerca de 20 mil se encuentran en peligro de extinción. Sabemos que las perturbaciones y sobreexplotación de recursos ocasionada por las actividades humanas, disminuye la disponibilidad de alimentos que necesitan las especies. Como consecuencia, se reducen las poblaciones paulatinamente. Ante esta situación, cabe la necesidad de implementar programas de conservación de especies en su mismo hábitat para mantener el equilibrio de las cadenas tróficas.

Tecnologías alternativas

Fig. 2.22. Uso eficiente de agua y nutrientes.

- **Energías renovables.** Las energías renovables o limpias como la solar, eólica, de biomasa, hidroeléctrica, geotérmica y biocombustible, reducen la cantidad de emisiones de gases de efecto invernadero a la atmósfera y son respetuosas con el ambiente, además que benefician la salud humana y de los ecosistemas.
- **Agricultura de precisión.** Es un sistema de producción donde los nutrientes se dosifican y se optimizan los recursos de acuerdo a las necesidades específicas de cada zona del campo de cultivo, tomando en cuenta los requerimientos nutricionales de cada especie.

La agricultura de precisión ha revolucionado las prácticas agrícolas en todo el mundo al integrar tecnologías avanzadas como GPS, sensores, drones y análisis de datos. Estas tecnologías permiten que los agricultores optimicen los recursos, aumenten su productividad, reduzcan el impacto ambiental y mejoren la sostenibilidad. Países como Estados Unidos, Canadá, Australia y varios países europeos están a la vanguardia aprovechando innovaciones como la tecnología de tasa variable, sensores de control remoto y maquinaria automatizada, esto permite mejores rendimientos de los cultivos y uso más eficiente de los recursos (Getahum *et al.*, 2024).

- **Biotecnología**

La biotecnología consiste en la aplicación de los modelos biológicos que ocurren en forma natural en todos los seres vivos a procesos tecnológicos; es una rama aplicativa científica de grandes expectativas y en conjunto con la ingeniería genética, serán los aspectos de mayor demanda en el siglo XXI. Las aplicaciones biológicas son inmensas y se ha recurrido a todo tipo de procesos ya conocidos para su aplicabilidad (Lazcano, 2016).

Las aplicaciones de la biotecnología abarcan un amplio espectro de posibilidades desde agricultura, medicina, producción de medicamentos y procedimientos médicos, biopesticidas y biofertilizantes para la agricultura, modificación genética, biotecnología industrial, producción de alimentos, producción de biocombustible y biotecnología ambiental.

- **Química circular para el reciclaje**

Fig. 2.23. Reducir hábitos de consumo para vivir mejor.

García Martínez señala que en la actualidad existen avances de la química circular que permite transformar el CO_2 en un recurso. Esta técnica ha sido implementada por investigadores de la Universidad de Toronto, quienes lograron convertir este residuo en etileno, con el cual se fabrican algunos de los plásticos más comunes, para lo cual utilizaron corriente eléctrica de fuentes renovables. De igual manera, investigadores japoneses y norteamericanos han mejorado este proceso mediante un tipo de electrodo con una eficiencia aproximada del 90 %.

- **Digitalización y sostenibilidad**

En la actualidad estamos inmersos en toda una gama de aplicaciones, programas, objetos modernos y tecnología de vanguardia como la inteligencia artificial (IA), drones, Internet de las cosas (loT), automatización, robótica, entre otros, que buscan simplificar procesos, ya que en sus inicios este tipo de tecnología consumió grandes cantidades de energía y recursos naturales, contribuyendo a la emisión de gases de efecto invernadero y lo que se busca en la actualidad, es minimizar residuos electrónicos y digitales, gestionar de forma eficiente la energía y el agua en todas las etapas del ciclo de vida de la tecnología digital, adoptar fuentes de energía renovables y cambiar hacia una economía baja en carbono para reducir las emisiones al ambiente.

La tarea que tenemos como sociedad es la adopción y uso responsable de toda esta nueva tecnología, facilitar el acceso a la educación, respetar el ambiente y tomar en cuenta la parte económica, ecológica y social para caminar hacia una digitalización sostenible.

Cierre

Actividad 3. En equipos de cinco estudiantes realicen investigación de una red trófica del bosque y dibujen sus componentes o niveles y escriban cinco propuestas para mejorar sus condiciones

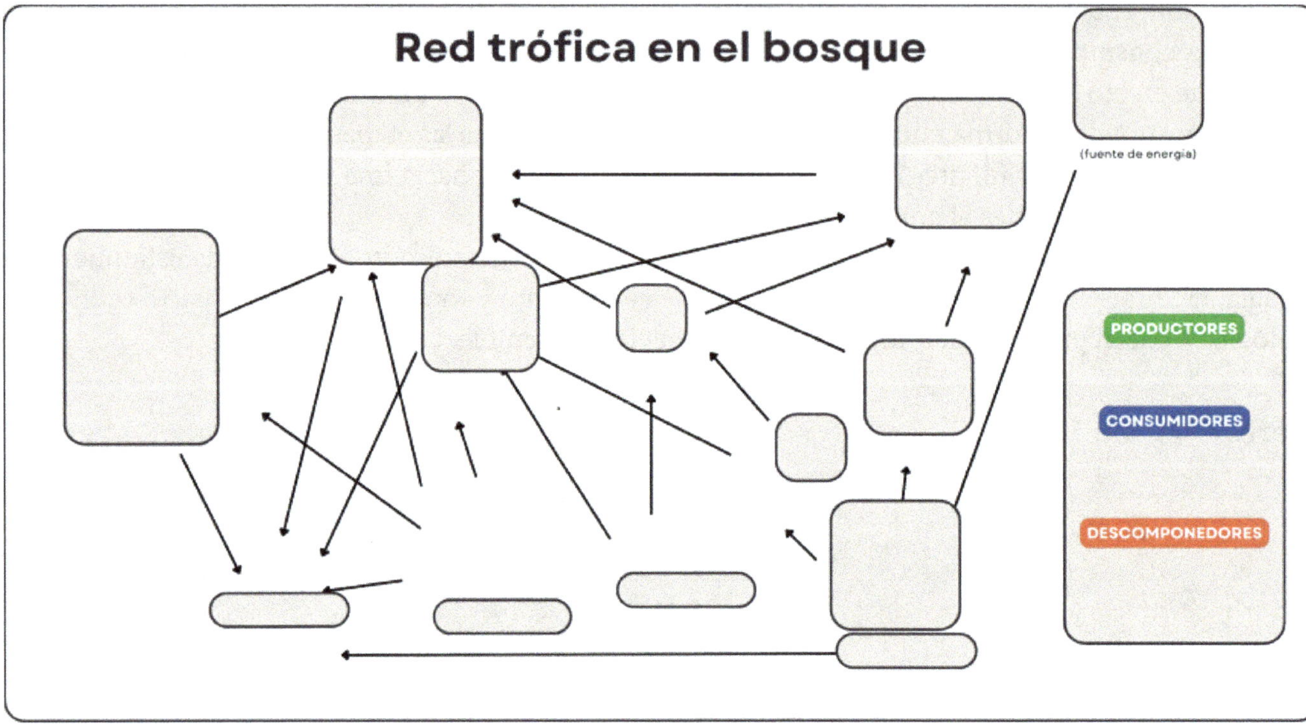

Propuesta 1____

Propuesta 2____

Propuesta 3____

Propuesta 4____

Propuesta 5____

Progresión 9. El grado en el que sucede la fotosíntesis varía conforme a la cantidad de energía solar, lo que origina diferencias en el crecimiento de las plantas (productividad). De la misma forma, en los ecosistemas y en sus comunidades también se presentan diferencias de productividad

Apertura

La fotosíntesis como proceso generador de oxígeno es de vital importancia para las cadenas y redes tróficas, los ecosistemas y la vida en general. La energía solar es el motor de la fotosíntesis, de tal forma que la variabilidad en la cantidad de energía solar influye en la productividad de las plantas y esto fomenta la diversidad de los ecosistemas. Aunque existen otros factores como la temperatura, la cantidad de nutrientes y la concentración de dióxido de carbono que influye en el proceso de fotosíntesis. Las temperaturas extremas, por ejemplo, inhiben algunos procesos enzimáticos.

Fig. 2.24. Estudiantes cambiando de paradigma.

La influencia del cambio climático tiene consecuencias en la estructura y composición de la vegetación. Un ejemplo de ello se reporta en la montaña alta de Tenerife, donde, mientras especies como la retama se encuentran en declive, otras como el rosalillo se expanden cada vez más.

Al efecto de las temperaturas, es importante unir el de la herbivoría, que en algunos casos se ve amplificado por las consecuencias del cambio climático, de modo que, igual que hay diferencias en la palatabilidad de las especies a los herbívoros, se pueden identificar especies a las que el cambio climático favorece (ganadores del cambio climático) y especies a las que el cambio climático perjudica (perdedores del cambio climático; Martín *et al.*, 2021).

Es importante que tomemos conciencia del impacto que tienen nuestras actividades en el aumento de gases de efecto invernadero, incremento de la temperatura del planeta y calentamiento global que afecta directamente a los ecosistemas, promoviendo los incendios forestales y grandes pérdidas de biomasa. Podemos evitar el incremento de estos fenómenos con actividades básicas como reducción de hábitos de consumo de envases, empaques y productos innecesarios que tienen tiempo de vida corto y rápidamente se convierte en desechos.

Desarrollo

La distribución de la energía solar en la atmósfera

La tierra gira alrededor del sol y durante 365 días le da una vuelta completa a su órbita. Además, realiza un movimiento rotacional sobre su propio eje y debido a que este eje tiene una inclinación de alrededor de 23 grados, la tierra realiza una rotación irregular, exponiendo su superficie frente a los rayos del sol con diferentes inclinaciones.

La tierra cuenta con 3 líneas imaginarias perpendiculares al eje de giro, llamadas ecuador, trópico de cáncer y trópico de capricornio. A la zona comprendida entre los trópicos se le llama zona tropical y dentro de esta zona se encuentran algunas de las zonas con mayor vegetación en el planeta.

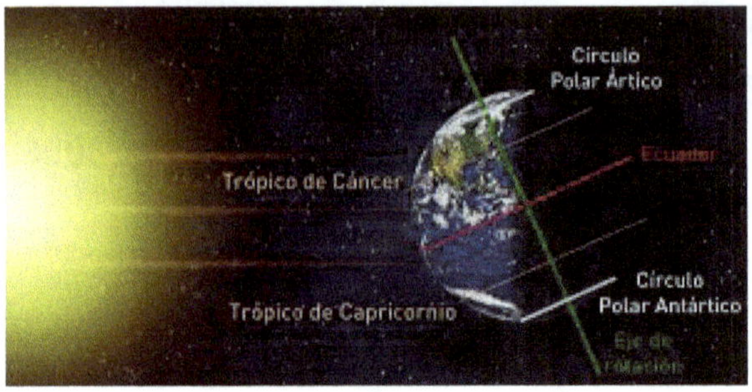

Fig. 2.25. La luz del sol, la lluvia, el viento y el efecto invernadero natural, permiten la existencia de la vida en la tierra.

Hacia los polos norte y sur de la tierra los rayos del sol siempre llegan de forma inclinada, con menor intensidad, aun así, en el polo norte existen vastas regiones boscosas con muchos árboles, sobre todo coníferas.

La luz solar condiciona el clima en nuestro planeta. La cantidad de luz solar que recibe cada parte del planeta depende de las variaciones de la órbita terrestre, así como del ángulo de inclinación del eje de la tierra, esto provoca que la tierra exponga de forma perpendicular su superficie a los rayos solares de forma cíclica, lo cual da como resultado las estaciones del año, así como las diferentes condiciones climáticas en todo el mundo. La presencia de agua en cada región del mundo determina los ecosistemas que podemos encontrar.

Los meteoros o fenómenos climáticos naturales tales como la lluvia y el viento, con sus diferencias de intensidad permiten la vida en toda la tierra. Las plantas que se encuentran en cada ecosistema difieren entre sí. De esta forma, en los ecosistemas tropicales encontramos árboles enormes con follajes exuberantes; por el contrario, en los desiertos encontramos plantas con hojas más escasas y adaptadas a las condiciones extremas de insolación. Así podemos decir que la productividad de las zonas tropicales es mayor que la de las zonas desérticas.

Variación de la fotosíntesis de acuerdo con la cantidad de energía solar

La fotosíntesis es un proceso que utiliza la energía del sol para convertirla en energía química y con ello es capaz de alimentar de forma directa o indirecta a la totalidad de los seres vivos que habitamos en el planeta Tierra, aunque se considera un fenómeno relativamente ineficiente ya que durante la etapa de crecimiento de la planta, captura y almacena solo 0.5 a 1 % de la luz solar que llega del sol (Krebs, 1985).

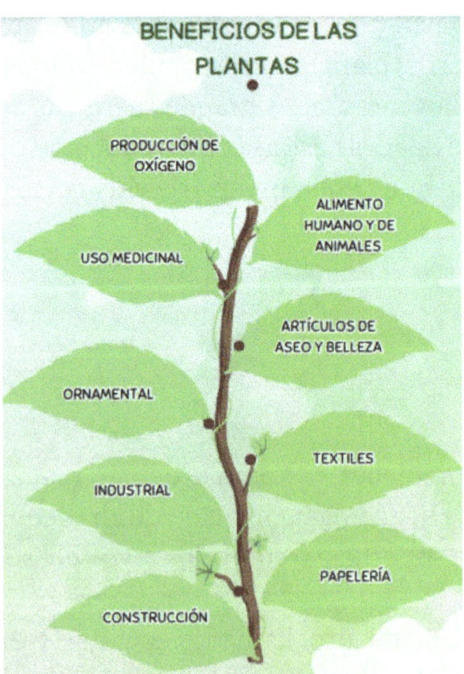

Fig. 2.26. La humanidad se sirve de los beneficios de la naturaleza.

Fotosíntesis en plantas esciófilas vs. heliófilas

Es factible evaluar la velocidad de la fotosíntesis por medición del índice de absorción de CO_2 y por la cantidad de luz que requiere cada especie. Por lo tanto, las plantas se dividen en dos grupos: **esciófilas y heliófilas.** El índice de fotosíntesis de las plantas esciófilas es más lento, y por lo tanto cabe esperar que también lo sea el de su crecimiento, ya que algunas especies prefieren vivir en zonas con poca luz o bloqueos parciales de la luz solar como bosques, plantas de interior, junglas, café, cacao y té, y han desarrollado mecanismos para poder aprovechar la poca luz solar que se puede filtrar entre las copas o ramas de los árboles maximizando la poca cantidad de luz para crecer y desarrollarse. Las plantas **heliófilas** por su parte, requieren una gran cantidad de luz para realizar la fotosíntesis, por ejemplo, cereales, caña de azúcar, girasol, tomate, plantas de la estepa, plantas del desierto, entre otras.

Necesidades de las plantas y necesidades de la humanidad

Las diferentes especies vegetales se han adaptado a la vida en un tipo específico de hábitat, proceso en el que han desarrollado un conjunto de características que les impiden ocupar otros hábitats, es por esta razón que una planta del desierto no puede habitar en la selva o en el bosque y mucho menos en climas en extremo frío como la tundra. Las plantas son organismos complejos que no solo dependen de la intensidad de la luz solar para vivir, también influyen otros factores como la cantidad de agua disponible y el tipo de suelo en el que viven. Una razón por la cual el índice fotosintético varía entre las diversas especies vegetales está en función del tipo de fotosíntesis que se lleva a cabo.

Los seres vivos se alimentan de la gran mayoría de plantas, desde los pastos, hierbas, arbustos y árboles hasta aquellas plantas que se encuentran en los ecosistemas marinos tales como algas. Los seres humanos en particular, desde los inicios de la creación y a través del tiempo han utilizado las plantas directa e indirectamente para distintos fines y en la necesidad de encontrar más beneficios de las plantas se ha dedicado tiempo para investigar todas las ventajas que pueden ofrecer la flora como se observa en la figura 2.27 y otras como la productividad, biocombustibles, entre otras.

Plantas C3, C4 y CAM

La mayor parte de las plantas hacen uso del tipo de **fotosíntesis C3** o ciclo de Calvin, la cual consiste en convertir CO_2 atmosférico a un ácido 3-fosfoglicerido, que es una molécula de 3 carbonos (de ahí el nombre de **C3**). Sin embargo, también hay plantas como la caña de azúcar que fija el CO_2 primeramente por la producción de ácido málico y ácido aspártico los cuales tienen 4 carbonos. A esto se le conoce como la ruta fotosintética **C4**. Las plantas que pueden hacer uso de la ruta **C4** cuentan con todos los elementos bioquímicos necesarios para la ruta C3, de modo que pueden hacer uso de una u otra para fijar el carbono (Krebs, 1985).

Fig. 2.27. Pitahaya *Selenicereus undatus*, cultivos alternativos ante la escases de agua.

Plantas C4. No alcanzan los niveles de saturación ni con la luz solar más intensa y su producción fotosintética siempre es mayor que la de las plantas C3 por unidad de área de hoja. En estas condiciones, las plantas C4 son más eficaces que las C3. Analizando la anatomía foliar de las plantas C3 y C4, se puede observar que los cloroplastos de las plantas C3 están presentes a lo largo y ancho de las hojas, mientras que en las hojas de plantas C4, los cloroplastos se concentran en 2 fascículos alrededor de las venas de las hojas (a lo cual se le da el nombre de anatomía de Krantz). La anatomía de las hojas de las plantas C4 es más eficaz para la utilización de las bajas concentraciones de CO_2 producido por la respiración.

Las plantas C4 están en ventaja cuando la fotosíntesis este limitada por la concentración de CO_2, lo cual tiene lugar bajo condiciones de luz muy intensa y temperaturas elevadas además de escasez de agua. Las plantas C4 son más comunes en las regiones tropicales que en las templadas o árticas.

Algunas suculentas del desierto como los cactus del género opuntia presentan una tercer variante de fotosíntesis, el metabolismo del ácido crasuláceo (**CAM** por sus siglas en inglés). Estas especies son lo opuesto de las plantas comunes, ya que absorben el CO_2 durante la noche, probablemente como una adaptación para minimizar las pérdidas de agua a través de los estomas.

El CO_2 se almacena en forma de ácido málico, que emplean las plantas para completar la fotosíntesis durante el día. Las especies **CAM** tienen una actividad fotosintética baja y pueden cambiar a la variante C3 durante el día. Están adaptadas para vivir en zonas desérticas muy secas, en el que pocas especies pueden sobrevivir.

La ruta **C3** se puede decir que es la variante fotosintética más primitiva, ya que ninguna de las especies de algas, briofitas, helechos, gimnospermas o angiospermas más primitivas están capacitadas para realizar las variantes C4 o CAM.

Fig. 2.28. Plantas CAM.

Actividad 1. Analiza la información en los códigos QR para contestar las preguntas

PLANTAS C3, C4 Y CAM

PLANTAS C3, C4 Y CAM

1. ¿Porque reciben el nombre de plantas C3? Anota algunos ejemplos.

2. Define a las plantas C4. Escribe ejemplos.

3. ¿Porque se llaman plantas CAM? Anota ejemplos.

4. ¿De los tres tipos de plantas, ¿quiénes tienen un sistema protector que hace que se adapten a condiciones de sequía?

5. ¿Qué tipo de plantas mantienen cerrados sus estomas durante el día para evitar la pérdida de agua por evaporación?

6. ¿Por qué es importante clasificar las especies forrajeras para la ganadería?

7. ¿En qué ambientes se desarrollan las plantas C4?

8. ¿Qué tipo de plantas necesitan más CO_2?

9. ¿Qué tipo de plantas tienen metabolismo ácido crasuláceo?

10. ¿Cuáles son las condiciones climáticas que requieren las plantas C3 para su desarrollo?

Actividad 2. Analiza la información solicitada para completar el organizador gráfico y con ayuda de tu docente lleven a cabo una lluvia de ideas para homogeneizar resultados

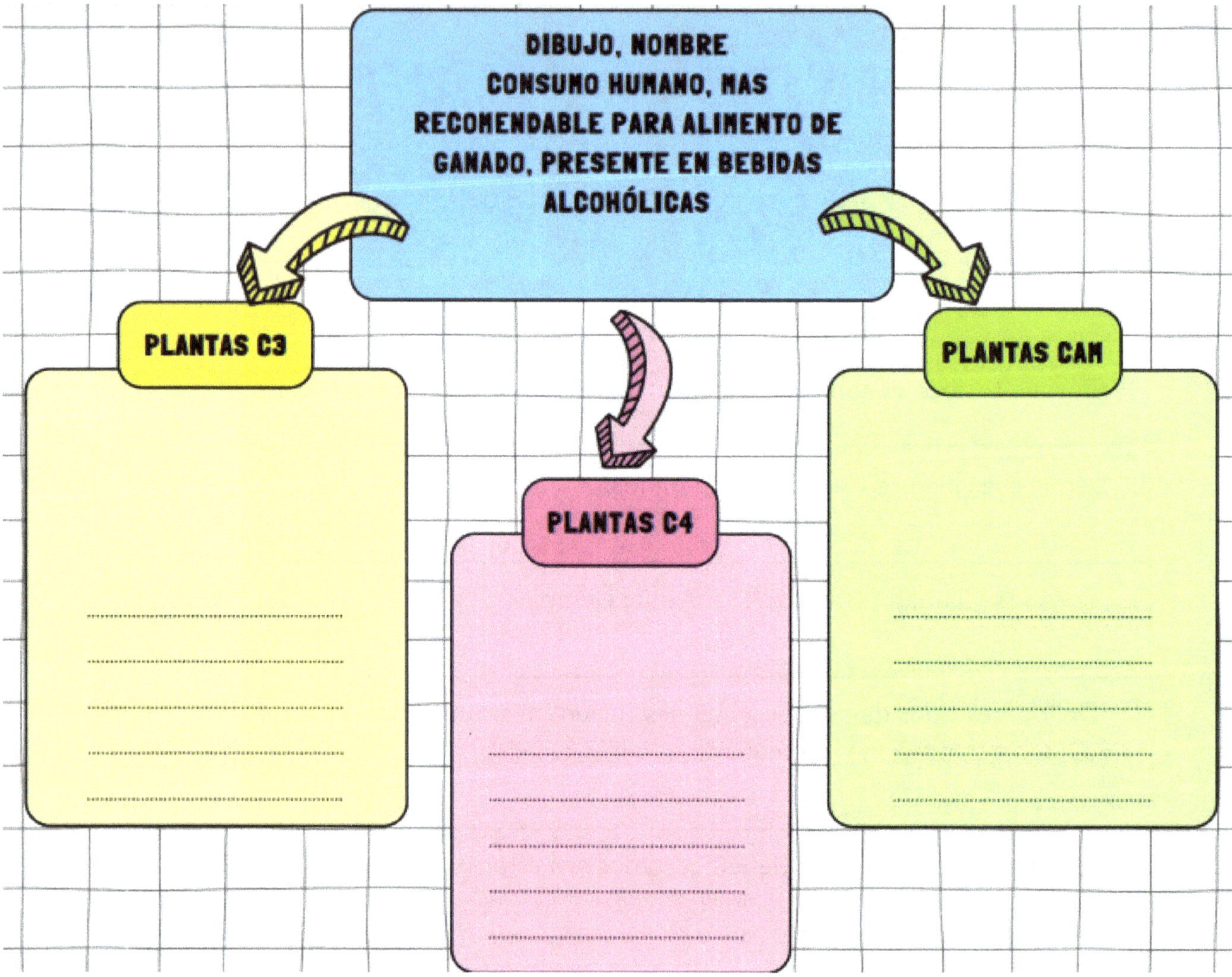

Fotosíntesis y productividad

La productividad es una relación de aprovechamiento de los recursos (agua, nutrientes del suelo, CO_2 y luz solar) por parte de las plantas, para transformarlos en energía química en forma de moléculas de carbono. El resultado de este proceso es la biomasa, que es la cantidad de materia presente en un ecosistema que sirve de alimento para los consumidores.

Tipos de productividad

Productividad primaria bruta

En un ecosistema los organismos fotosintéticos (plantas, algas y algunas bacterias) son las encargadas de la producción primaria de la materia, por la capacidad que tienen de fijar carbono a través del proceso de fotosíntesis. La productividad primaria bruta es la cantidad de energía atrapada en la materia orgánica durante un intervalo de tiempo y área determinados (Edding *et al.*, 2006).

La productividad primaria bruta (PPB) se puede medir ya sea en unidades de energía (calorías) almacenadas por unidad de área o como peso seco, también llamado biomasa. Las plantas (productores primarios) utilizan parte de esta energía para su metabolismo, su respiración celular y su formación de tejidos.

Productividad primaria neta

Fig. 2.29. Mayor diversidad de especies concentran mayor biomasa.

La productividad neta es la cantidad de energía atrapada en materia orgánica durante un intervalo especificado en un nivel trófico dado, menos lo que se perdió por la respiración de los organismos en ese nivel. Una forma para determinar la productividad neta es recoger y pesar el material vegetal excedente producido en 1 m^2, en un intervalo de tiempo dado. Un gramo de material de planta, que es en gran parte carbohidratos, rinde cerca de 4.25 Kcal. de energía cuando se está quemando en una bomba calorimétrica o es respirado (Edding *et al.*, 2006).

Las plantas por lo general capturan y convierten alrededor de 1.3 -1.6 % de la energía solar que llega a la superficie terrestre y usan alrededor de un cuarto de la energía capturada para su metabolismo y mantenimiento terrestre. Así que alrededor del 1 % de la energía solar que llega a la superficie de la Tierra (por unidad de área y tiempo) termina como productividad primaria neta.

Productividad secundaria

La productividad secundaria es la tasa de acumulación de biomasa en los organismos heterótrofos en un ecosistema, incluyendo tanto la producción de nuevos tejidos como la reproducción (Odum y Barrett, 2006).

Se refiere a la tasa a la que los consumidores primarios (herbívoros) asimilan y transforman la energía contenida en la materia orgánica de los productores primarios en biomasa propia. Es un proceso clave en el flujo de energía de los ecosistemas, ya que determina la cantidad de energía disponible para los niveles tróficos superiores.

Fig. 2.30. Herbívoros que aportan beneficios a la humanidad.

Diferencias de productividad en ecosistemas y comunidades

Los ecosistemas altamente productivos son las selvas tropicales, ciénegas y pantanos, estuarios, arrecifes, coralinos y algunos ecosistemas agrícolas como el de arroz y caña de azúcar. En estos ecosistemas la producción neta puede exceder los 3000 gramos por metro cuadrado al año de materia orgánica seca. Los ecosistemas menos productivos son la tundra de las regiones alpinas, los desiertos y el océano abierto. El desierto extremo, las rocas y las regiones glaciares tienen una productividad igual a cero (Ondarza, 1993).

Los ecosistemas de baja productividad son los desiertos y los océanos. En los desiertos, la escases de agua limita la productividad y en los océanos, las profundidades limitan el paso de la luz solar.

Factores abióticos

Temperatura

La temperatura (calor) controla el índice del metabolismo de la planta que alternadamente determina la cantidad de fotosíntesis que puede ocurrir. La mayoría de la actividad metabólica biológica en el océano ocurre entre 0 y 27 °C. Hay poca actividad sobre o debajo de este rango. Las temperaturas óptimas para la productividad coinciden con 15 a 20 °C para la fotosíntesis (Edding *et al.*, 2006).

Luz solar

La fotosíntesis es una reacción que requiere energía que proviene de la luz del sol y es captada por la clorofila que la transforma en energía química. El espectro de luz visible abarca longitudes de onda que oscilan entre 400 y 700 nanómetros (nm), y corresponden a la gama de colores que van del violeta al rojo. Sin embargo, los pigmentos tienen un espectro de absorción distinto, capaz de absorber diferentes longitudes de onda. La clorofila es verde porque refleja o transmite las longitudes de onda cercanas al verde (Valdivia *et al.*, 2002).

Fig. 2. 31. Factores ambientales afectan la productividad de un ecosistema.

Agua

El agua tiene un papel preponderante en el proceso de fotosíntesis, ya que además de hidratar a las plantas desde las raíces, es el medio que transporta todos los nutrientes a la planta. Durante la fotosíntesis, y en presencia de la luz, las moléculas de agua que se encuentran dentro del cloroplasto se rompen en electrones, protones y oxígeno. Los electrones del agua son utilizados para reponer los electrones que se desprenden de la clorofila durante la fase luminosa. Cada átomo de oxígeno se une a otro (proveniente de otra molécula de agua) para formar oxígeno molecular que se libera a la atmósfera y constituye el oxígeno que respiramos (Valdivia *et al.*, 2002).

Suelo

Los factores edáficos (suelo) son de gran importancia y de ello depende el desarrollo de las plantas. En el suelo se encuentran los nutrientes, minerales, materia orgánica que absorben las plantas por medio de sus raíces. En el suelo se encuentran microorganismos y lombrices benéficos que se encargan de descomponer la materia orgánica, proveen de nutrientes a las plantas y evitan que el suelo se compacte, aunque también es en el suelo donde se encuentran algunas plagas, como la gallina ciega *Systellura longirostris*, que atacan a ciertos cultivos.

Factores bióticos

Plagas y enfermedades

Disminuyen la biomasa y con ello la productividad. Desde los más pequeños como hongos, bacterias, pulgones e insectos pequeños, hasta insectos más grandes como langostas, chapulines, hormigas, roedores, conejos y herbívoros de mayor tamaño. La presencia de plagas y enfermedades pueden dañar las raíces, tallos, hojas, flores y frutos.

Competencia entre especies

También llamada presencia de malezas, algunas especies en cultivos pueden competir con plantas acompañantes por recursos como agua, luz y nutrientes o en su defecto pueden anidar plagas o enfermedades que afectará al cultivo.

Existe otro tipo de plantas que se encuentran en el cultivo y que no causan daños severos, de hecho, muchas de ellas secretan ciertos olores, brindan néctar a depredadores y parasitoides u hospedan microorganismos para dejar al cultivo principal que tenga un desarrollo adecuado. Estas plantas reciben el nombre de **arvenses**.

Cierre

Actividad 3. Con tus conocimientos asimilados, resuelve el siguiente crucigrama

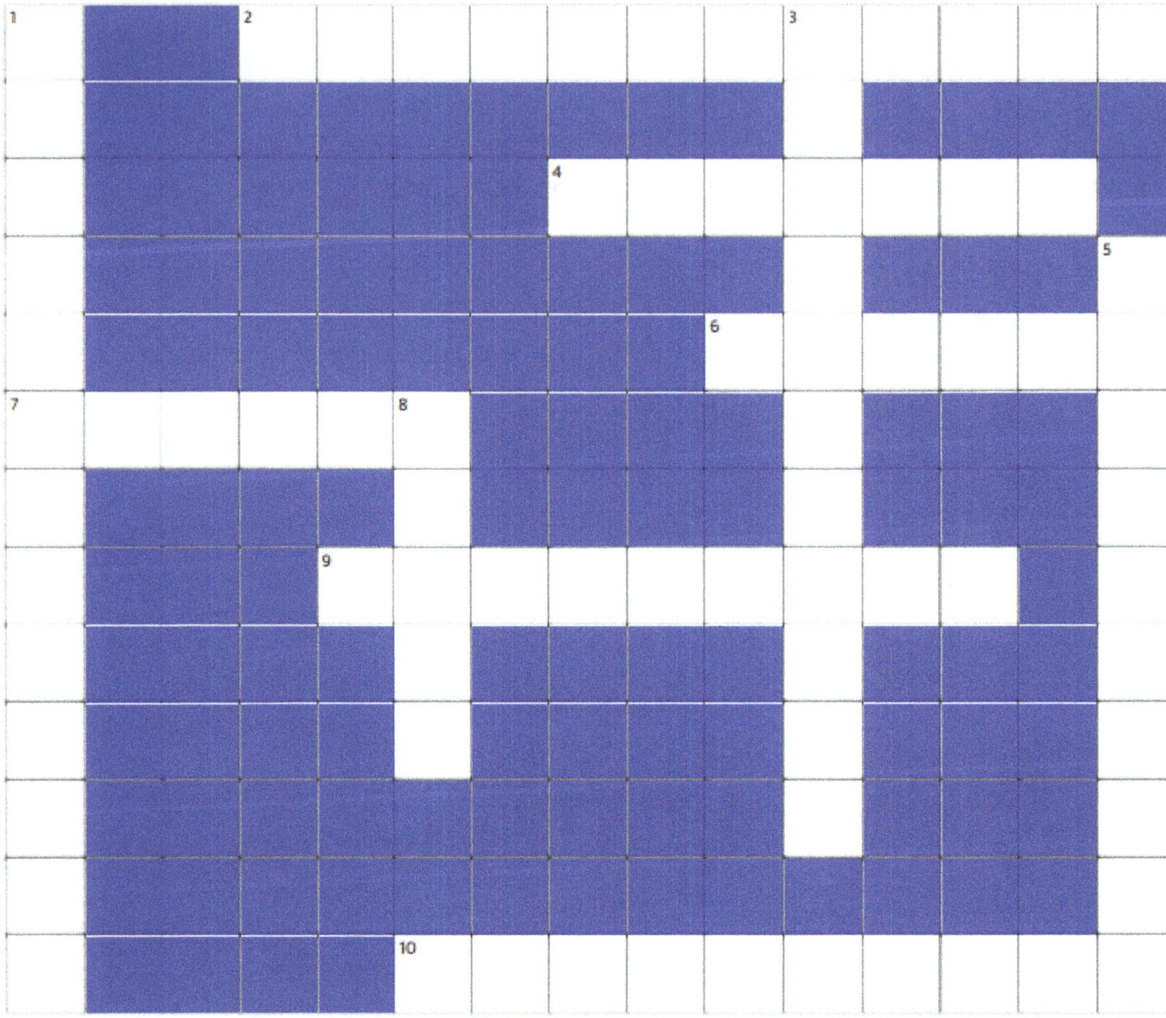

Horizontales

2. Proceso mediante el cual los autótrofos utilizan la energía del sol para convertirla en energía química.
4. Es la cantidad de materia presente en un ecosistema que sirve de alimento para los consumidores.
6. Son ecosistemas de alta productividad.
7. Absorben el CO_2 durante la noche, probablemente como una adaptación para minimizar las pérdidas de agua.
9. Son ecosistemas de baja productividad.
10. Requieren una gran cantidad de luz para realizar la fotosíntesis.

Vérticales

1. Es la producción de biomasa por unidad de tiempo y área.
3. Para la productividad coinciden con 15 a 20 C.
5. El indice de fotosíntesis de este tipo de plantas es más lento.
8. Se encuentran los nutrientes, minerales, materia orgánica que absorben las plantas por medio de sus raíces.

Progresión 10. En cualquier ecosistema, los organismos y poblaciones con necesidades similares de alimentos, agua, oxígeno u otros recursos pueden competir entre sí, limitando su crecimiento y su reproducción

Apertura

Fig. 2.32. Población de ciervos en Phoenix Park, Irlanda.

A lo largo de la historia de la humanidad, los ecosistemas han sufrido cambios debido a la intervención humana. Algunos han sido sobreexplotados, como es el caso de los bosques y selvas, utilizados para la extracción de materias primas; otros han reducido su extensión o han desaparecido para dar paso a tierras de cultivo o ganadería. Además, muchos han sido devastados por incendios forestales. En los cinco continentes, el derretimiento de los glaciares, causado por el aumento de la temperatura del planeta, afecta el nivel del mar, así como la flora y la fauna.

Según expertos, «los tres glaciares que hay en África, el monte Kenia, el Kilimanjaro de Tanzania y las montañas Rwenzori de Uganda, han perdido ya el 82 % de su superficie, y es muy posible que los glaciares del Kilimanjaro desaparezcan por completo en el transcurso de dos décadas».

El 28 de mayo de 2025, el pueblo de Blatten, en el cantón Valais, Suiza, quedó sepultado bajo millones de metros cúbicos de hielo y roca provenientes del colapso del glaciar Birch. En un informe reciente sobre el estado de los glaciares suizos, se sugiere que podrían desaparecer por completo en un siglo si no se logra mantener la temperatura global dentro de un aumento de 1,5 °C por encima de los niveles preindustriales, acordado hace diez años por casi 200 países en el marco del Acuerdo de París sobre el clima.

Estas y otras situaciones impactan la disponibilidad de agua, amenazan la supervivencia de la flora y fauna de todos los ecosistemas y alteran el equilibrio ecológico.

Los ecosistemas son comunidades de seres vivos que habitan un espacio geográfico dentro de un medio ambiente propicio para su desarrollo. A su vez, las comunidades están conformadas por poblaciones de diversas especies que coexisten en áreas geográficas particulares. Los ecosistemas pueden ser pequeños, como las lagunas, o extensos, como las selvas tropicales.

Tanto en ecosistemas grandes como pequeños, los organismos y poblaciones con necesidades similares de alimento, agua y nutrientes pueden entrar en competencia, lo que limita la capacidad de desarrollo y reproducción de algunos organismos. Por esta razón, cuando un ecosistema se encuentra en desequilibrio o sufre perturbaciones causadas por actividades humanas o desastres naturales, el área de distribución de las especies disminuye, reduciendo sus poblaciones. En el peor de los casos, algunas especies llegan a estar en peligro de extinción. La pérdida de poblaciones también conlleva una disminución en la variabilidad genética de la especie.

Es fundamental generar conciencia y, en la medida de lo posible, respetar y cuidar todos los ecosistemas a través de la participación en campañas de reforestación, mitigación de incendios y otras actividades sustentables. Tenemos una conexión intrínseca con los ecosistemas, ya que nos proveen de alimentos y materias primas esenciales para nuestra supervivencia. Aprendamos a convivir con la naturaleza como lo hacen los habitantes de Irlanda y otros lugares del mundo.

Desarrollo

Las poblaciones son grupos de individuos de la misma especie que habitan en una misma área o espacio geográfico, como los conejos que viven en una reserva ecológica. La ecología de poblaciones es la disciplina que estudia cómo los factores bióticos y abióticos influyen en la densidad, dispersión y tamaño de las poblaciones.

Fig. 2.33. Los ecosistemas del mundo mantienen el equilibrio ecológico.

La densidad poblacional se refiere a la cantidad de individuos por unidad de área, como un kilómetro cuadrado. Por otro lado, la dispersión describe la manera en que los individuos se distribuyen en su hábitat, lo cual depende de factores como la disponibilidad de alimento, agua y refugio.

Los organismos ocupan nichos ecológicos, los cuales están determinados por el conjunto de condiciones, recursos e interacciones que necesitan y pueden aprovechar. En este contexto, el principio de **exclusión competitiva** establece que dos especies no pueden coexistir si ocupan exactamente el mismo nicho, es decir, no pueden tener exactamente el mismo nicho de un hábitat y vivir en él de manera estable.

Nicho ecológico. Está determinado por condiciones medioambientales tales como temperatura, precipitación, tipo de suelo, tipo de agua, entre otros, que los organismos requieren de forma óptima para poder vivir. En la naturaleza prácticamente no existen dos especies que ocupen nichos exactamente iguales.

Los seres vivos se han adaptado de tal manera que cada especie ha elegido su propio nicho y este es excluyente del resto de los organismos. Aunque puede existir algún tipo de superposición, este es muy escaso en la naturaleza.

Fig. 2.34. Los nichos ecológicos deben estar en equilibrio para tener biodiversidad.

Relaciones positivas

Fig.2.35. Algunos hongos intercambian nutrientes con raíces de árboles.

Cooperación. Relación donde ambas especies se benefician, aunque no depende una de otra, ya que pueden vivir aislados. Por ejemplo, el cocodrilo y el pájaro dentista. El cocodrilo se beneficia porque el pájaro le limpia los dientes, y el ave obtiene alimentación de los restos orgánicos de los dientes del cocodrilo (Valdivia, 2002).

Mutualismo. Tipo de relación de beneficio entre dos organismos de distintas especies para obtener beneficios uno del otro y mejorar sus condiciones de vida. Ejemplo de esta relación se da entre las garzas y las vacas. Las garzas se alimentan de los insectos o parásitos que habitan en el cuerpo de estos mamíferos y estos se benefician al obtener la limpieza o desparasitación de su cuerpo.

Comensalismo. Se lleva a cabo entre un organismo de una especie que se beneficia de otro organismo de distinta especie sin dañarlo; éste último no resulta favorecido. Ejemplo. **Las rémoras de agua salada que se adhieren a los tiburones** para aprovechar su capacidad de nado veloz y desplazarse de un sitio a otro rápidamente.

Relaciones negativas

Fig. 2.36. Los árboles de eucalipto evitan el crecimiento de otras plantas a su alrededor

Parasitismo. Es la relación que se da entre organismos de distinta especie en la que un organismo de una especie vive sobre o dentro del cuerpo de otro de distinta especie, en la cual el parásito se beneficia y el organismo parasitado sale perjudicado, ya que el parásito se nutre de este hasta el grado de poder matar al organismo parasitado.

Ejemplo amibas, bacterias dañinas y mosquitos que se alimentan de la sangre de los animales e incuban huevecillos en su cuerpo, transmitiendo ciertas enfermedades.

Depredación. Es una interacción típica en la cadena trófica en la que un organismo de una especie, caza a otro organismo de otra especie para alimentarse. Ejemplo: cuando el águila caza peces o serpientes.

Amensalismo. Es una interacción perjudicial, ya que una especie afecta el crecimiento y la supervivencia de la otra, sin tener alteración o beneficio. Ejemplo de ello son los árboles de eucalipto que evitan el crecimiento de otras plantas a su alrededor sin obtener algún beneficio, como se observa en la figura 2.36.

Competencia. Es una relación que se presenta cuando dos organismos luchan o compiten entre sí por recursos ambientales como alimento, luz, espacio vital, pareja, etc. Ambas especies resultan afectadas hasta que una de ellas predomina, en ocasiones eliminando a la otra (Valdivia *et al.*, 2002).

Competencia interespecífica. Ocurre entre individuos de diferente especie que necesitan del mismo recurso, el cual por naturaleza es limitado en diferentes grados dependiendo del tipo de ecosistema y la competencia tiene un efecto negativo para ambas especies, ya que, si una de ellas se alimenta, la otra carecerá de él.

La competencia interespecífica es un tipo de interacción negativa entre los individuos de poblaciones de diferentes especies, se considera negativa debido a que una de las dos especies resulta perjudicada.

Fig. 2.37. Diferencias de competencia entre organismos.

Características de la competencia interespecífica

- La competencia es por explotación o por interferencia.
- Solo se presenta cuando el recurso de interés de ambas especies es escaso en el hábitat donde se encuentran.
- Los posibles resultados de este tipo de competencia pueden ser la coexistencia o bien la extinción de las especies.
- Los individuos de una de las especies ganan y los de la otra pierden.

Tipos de competencia interespecífica

Competencia por explotación: Una de las especies acaba con el recurso de interés para ambas especies, afectando a la otra especie de forma negativa, ya que no podrá acceder a dicho recurso.

Competencia por interferencia: Las dos especies se enfrentan entre sí de forma directa para poder obtener un recurso de interés para ambas especies.

Competencia intraespecífica: La interacción se produce entre individuos de la misma especie, debido a una necesidad de ambos individuos de un recurso común y limitado.

Fig. 2.38. Competencia interespecífica por alimento o territorio.

Características de la competencia intraespecífica

- Limita el crecimiento de la población debido a que disminuye su fecundidad y supervivencia.
- Se produce solamente cuando los recursos disponibles son limitados.
- Se presenta cuando la población crece, esto es, cuando la densidad de la especie aumenta.
- Entre más individuos existan, mayor es la competencia y el crecimiento de la población se frena.
- La competencia puede darse también por la reproducción y por la dominancia.
- La competencia suele ser asimétrica, ya que los individuos cuentan con características diferentes, tanto físicas como de comportamiento.

Hay 2 tipos de **competencia intraespecífica**: por explotación y por interferencia.

- **Competencia intraespecífica por explotación**: Es un tipo de competencia indirecta que se presenta cuando un individuo consume el recurso disponible y necesario para otro individuo.
- **Competencia intraespecífica por interferencia**: Es un tipo de competencia directa en la que los individuos se enfrentan en una disputa directa por alimento o por territorio como se observa en la figura 2.38.

Ejemplos de competencia intraespecífica: Los colibríes y los peces beta

Consecuencias de la competencia intraespecífica

- Afecta el desarrollo y crecimiento de los individuos. Mientras menos individuos haya, hay más disponibilidad de alimentos y los individuos comen más y crecen más, por el contrario, cuando hay muchos individuos, la disponibilidad de alimentos es la misma y por lo tanto los individuos comen menos y se desarrollan menos.
- Disminuye las tasas de fecundidad y natalidad ayudando con esto a regular el tamaño de la población.

Actividad 1. **Analiza el mapa conceptual y describe cada uno de los conceptos. Con ayuda de tu docente argumenten en plenaria las respuestas y la relación que existe entre los distintos conceptos**

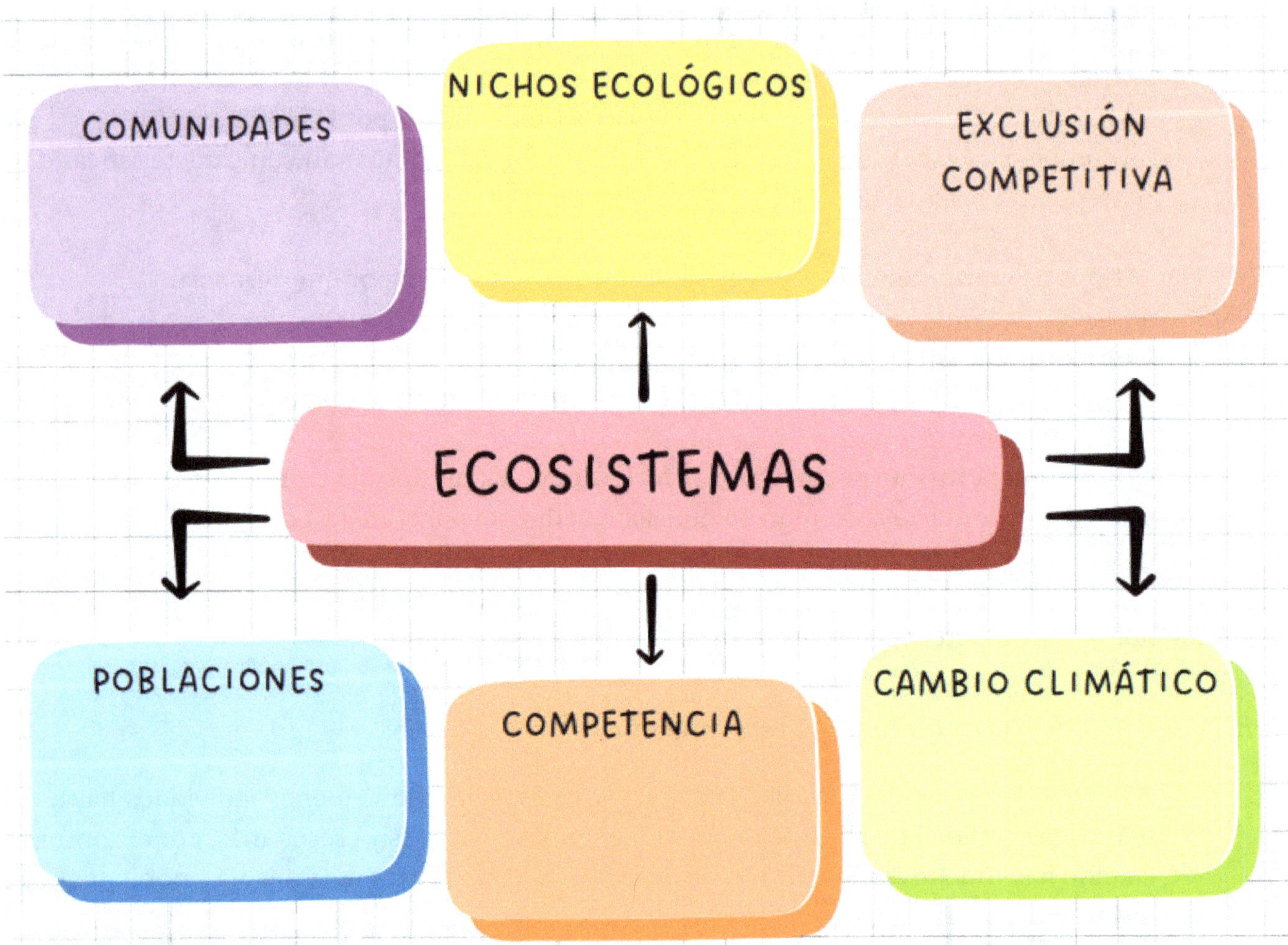

Adaptaciones

Cuando estudiamos a los ecosistemas, nos percatamos que los organismos que ahí habitan tienen necesidades de alimento, agua y oxígeno, además de un refugio o guarida para vivir y la necesidad de apareamiento. En el caso de las especies vegetales, requieren de agua, luz, CO_2 y nutrientes principalmente. Cuando los requerimientos no son suficientes los organismos sufren cambios, o desarrollan mecanismos de adaptación. Este proceso se presenta cuando, los seres vivos desarrollan la capacidad para vivir en un entorno distinto. Existen tres tipos de adaptaciones:

Adaptaciones morfológicas o estructurales

La adaptación morfológica o estructural se refiere al cambio en la anatomía de las especies por ejemplo los leones adaptaron su cuerpo (garras y dientes) para cazar a sus presas y consumir carne. Los cactus que habitan en zonas áridas desarrollaron mecanismos de retención y almacenamiento de agua.

Fig. 2.39. Suculentas y plantas del desierto adaptadas a cantidades pequeñas de agua.

Lamark pensaba que los antepasados de las jirafas eran animales de cuello corto, parecidos a los actuales antílopes y debido a los cambios en el ambiente y debido a la escases de pasto, las jirafas alargaron su cuello para alcanzar las ramas de los árboles altos, y por el constante uso este fue desarrollándose (Valdivia *et al.*, 2002).

Otros organismos especializaron sus estructuras alimenticias, tamaño y forma corporal, implementaron estrategias de protección como **mimetismo** y **camuflaje** como defensa de depredadores. La coloración protectora puede servir para ocultar al animal que desea escapar de un enemigo potencial con el fin de pasar inadvertido a su posible presa. Algunos animales como ranas, lenguados, camaleones y cangrejos poseen la notable capacidad de cambiar de color (Villee, 1986).

Adaptaciones fisiológicas o funcionales

Las adaptaciones fisiológicas se relacionan con un cambio en el metabolismo y el funcionamiento interno de los organismos, algunos órganos empiezan a funcionar de forma distinta cuando ocurren ciertos cambios en el medio, sobre todo condiciones extremas. Por ejemplo, los osos polares desarrollaron la capacidad de acumular grasa bajo la piel que le permite conservar el calor de su cuerpo y mantenerlo caliente.

Otros mamíferos hibernan para conservar su energía por escases de alimentos. Los murciélagos especializaron su sistema auditivo que les permite localizar y atrapar a sus presas.

Fig. 2.40. Adaptaciones en el cuello de la jirafa.

Adaptaciones etológicas o de comportamiento

Este tipo de adaptaciones consiste en el cambio en el comportamiento de las especies para garantizar el éxito reproductivo y la supervivencia. Por ejemplo, el pavorreal macho cambia su comportamiento cuando observa a una hembra; abre sus alas y camina de forma elegante para atraer la mirada de la hembra. Las mariposas monarca realizan migraciones desde Canadá hasta México para hibernar. En el caso de insectos como hormigas, se observan las jerarquías, donde cada individuo realiza una tarea específica, la hormiga reina se dedica a la reproducción y las obreras tienen la tarea de mantener la colonia. En el caso de algunas plantas, implementan el fototropismo, es decir orientan su tallo, hojas o flores en dirección al sol como es el caso del girasol.

Algunas adaptaciones de comportamiento de los animales son las siguientes:

Fig. 2.41. Mariposas monarca evitan bajas temperaturas en Canadá y viajan a México a hibernar.

- **Migración**. Organismos en búsqueda de condiciones favorables de alimento, guarida, asegurar la reproducción, entre otros.
- **Caza.** Practicada por manada de depredadores para tener mejores resultados y alimento suficiente
- **Cortejo.** Practicado con mayor intensidad en las aves para asegurar la reproducción. Durante el periodo de apareamiento, los machos emiten sonidos especiales, llaman la atención de la hembra con su plumaje colorido y realizan algunas danzas como ritual para atraer su atención.
- **Infanticidio.** Es una práctica para garantizar la supervivencia de la especie. Así, algunos roedores, primates, peces y mamíferos como leones, matan a los bebés para que sus madres se vuelvan fértiles rápidamente y puedan producir nuevas crías.

Territorialidad

Un individuo o una pareja defiende un área definida contra la intrusión de otros individuos, especialmente machos de la misma especie. De una forma u otra, se establecen territorios en especies tan diversas como los monos aulladores, ciervos rojos, castores, focas, peces y aves. Estos territorios pueden estar relacionados con el apareamiento, la anidación o la alimentación.

En algunos casos, una pareja se aparea y construye su nido dentro de un territorio específico, pero se alimenta en una zona vecina donde los animales conviven pacíficamente. En general, los territorios cumplen la función principal de separar a los individuos, minimizando los conflictos y la competencia, lo que contribuye a una mayor estabilidad social.

Además, la territorialidad tiene un valor evolutivo, ya que los machos incapaces de defender un territorio suelen tener menos oportunidades de reproducirse (Nason y Dehaan, 2000).

Cierre

Actividad 2. Práctica de ingeniería. Efectos nocivos sobre la fauna

Introducción. Los ecosistemas son susceptibles a recibir sustancias externas que se vuelven contaminantes debido a que los procesos naturales de degradación, filtración, dilución o diseminación son lentos en comparación con la velocidad a la que los contaminantes llegan a los ecosistemas, como producto de actividades como la agricultura, la industria y los desechos de actividades humanas. La acumulación de estas sustancias afecta a los organismos y poblaciones que viven en ecosistemas contaminados.

Objetivo. Determinar el efecto de un contaminante (fertilizante o detergente) sobre los peces y plantas de una pecera que sirve para modelar un ecosistema marino.

Material

Pecera de vidrio con medidas de aproximadamente 60x30 cm de base x 30 cm de altura

- Bomba de aire
- Filtro para pecera
- Difusor de aire para pecera
- Calentador para pecera
- Termómetro
- Arena para pecera
- Plantas para pecera
- 10 peces Goldfish, Guppys o Platys
- Alimento para peces
- Urea o sulfato de amonio
- Detergente

Metodología

Lavar la pecera con agua limpia, sin usar detergente ni cloro. Colocar la pecera en un lugar apropiado donde reciba suficiente luz. Colocar el difusor de aire y el filtro dentro de la pecera. Lavar la arena hasta que quede completamente limpia y depositar dentro de la pecera hasta que alcance una altura de 6 o 7 cm. Llenar la pecera con agua limpia hasta que quede 10 cm por debajo del borde de la pecera. Colocar el calentador en uno de los extremos de la pecera, sin que toque la arena y sin adherirlo a las paredes de la pecera.

Neutralizar el agua de la pecera para eliminar el cloro agregando 2 gotas de tiosulfato por cada litro de agua. Introducir las plantas naturales en la arena, conectar el filtro, el compresor y el calentador a un multicontacto energizado y verificar que funcionen correctamente. Esperar a que el agua alcance el nivel de temperatura adecuado: con la ayuda del termómetro, verificar que tenga una temperatura de 24 a 28 °C.

Agregar los peces a la pecera, colocando previamente las bolsas con los peces sobre el agua de la pecera para que la temperatura del agua dentro de las bolsas se iguale con la de la pecera. Alimentar a los peces 2 o 3 veces al día con el alimento adecuado.

Realizar observaciones del comportamiento de los peces y las plantas durante cinco días y elaborar un registro. De ser posible, realizar videos cortos. Pasados los cinco días, agregar 1 gramo de fertilizante (urea o sulfato de amonio) por cada litro de agua o 1 gramo de detergente por cada litro de agua. Observar nuevamente el comportamiento de los peces y las plantas durante cinco días y realizar videos cortos.

Realiza investigación en fuentes confiables para contestar las siguientes preguntas

1. ¿Crees que un agente contaminante tenga un efecto nocivo sobre las plantas y los peces? ¿Por qué?

2. ¿Conoces algunos desechos más agresivos que contaminen los océanos?

Resultados

Conclusión

Contenido central

- **Ecosistemas, interacciones, energía y dinámica**

Conceptos transversales	**Prácticas de ciencia e ingeniería**
CT1. Patrones	▪Hacer preguntas y definir problemas
CT2. Causa y efecto	▪Desarrollar y usar modelos
CT3. Medición	▪Planificar y realizar investigaciones
CT4. Sistemas	▪Usar las matemáticas y el pensamiento computacional
CT5. Flujos y ciclos de la materia y la energía	▪Analizar e interpretar datos
CT6. Estructura y función	▪Construir explicaciones y diseñar soluciones
CT7. Estabilidad y cambio	▪Argumentar a partir de evidencias
	▪Obtener, evaluar y comunicar información

Metas de aprendizaje del contenido central

- Analizar e interpretar los patrones para rediseñar y mejorar los sistemas. Utilizar las representaciones matemáticas para identificar algunos patrones.
- Analizar que los cambios en los sistemas se deben a diferentes causas y también tienen distintos efectos. Identificar que los sistemas pueden diseñarse para causar un efecto esperado.
- Aplicar el concepto de orden de magnitud para comprender cómo un modelo en una escala se relaciona con otro en una escala distinta. Usar el pensamiento matemático para examinar datos y eventualmente predecir el efecto del cambio de una variable sobre otra(s).
- Determinar los cambios de la materia y la energía en función de los flujos hacía, desde y dentro del sistema, así como de los ciclos involucrados. Emplear el principio de conservación en el que la energía no se crea ni se destruye, sólo se mueve entre un lugar y otro, entre objetos y/o campos, o entre sistemas.
- Reconocer los procesos de retroalimentación y su efecto en la estabilidad del sistema. Diseñar elementos que proporcionen estabilidad a un sistema.

Perfil de egreso. Aprendizaje de trayectoria

- Las y los estudiantes comprenden qué es la materia y conciben sus interacciones para explicar muchas observaciones y fenómenos que experimentan en la vida diaria. A partir de una profunda comprensión de la estructura de la materia y de sus posibles combinaciones identifican por qué hay tantas y tan diferentes sustancias en el universo. Explican que la circulación de materia y energía está presente en todos los materiales y organismos vivos del planeta. Finalmente, los materiales nuevos pueden ser diseñados a partir de la comprensión de la naturaleza de la materia y ser utilizados como herramientas tecnológicas para la vida cotidiana.
- Las y los estudiantes comprenden que la conservación de la energía es un principio que se utiliza en todas las disciplinas científicas y en la tecnología, ya que aplica a todos los fenómenos naturales, experimentales y tecnología, conocidos; se utiliza tanto para dar sentido al mundo que nos rodea, como para diseñar y construir muchos dispositivos que utilizamos en la vida cotidiana. Reconocen los mecanismos por los que la energía se transfiere y que la energía fluye de los objetos o sistemas de mayor temperatura a los de menor temperatura.
- Las y los estudiantes valoran el papel que juegan los ecosistemas y los sistemas biológicos de la tierra, a través de la comprensión de las interacciones de sus componentes. Identifican que toda la materia en los ecosistemas circula entre organismos vivos y no vivos, y que todos requieren de un flujo continuo de energía. Reconocen que los átomos de carbono circulan desde la atmósfera hacia las plantas, a través del proceso de fotosíntesis, y que pasan a través de las redes alimentarias para eventualmente regresar a la atmósfera. El Conocimiento sobre los ecosistemas tiene aplicaciones tecnológicas en la medicina, la nutrición, la salud, la sustentabilidad, entre otros.

Progresión 11. En los ecosistemas y comunidades la estabilidad y madurez varía, lo cual origina diferentes productividades. Los ecosistemas inestables e inmaduros son más vulnerables a perturbaciones y esto afecta su productividad

Actividad diagnóstica y de análisis

Subraya la respuesta correcta

1. **¿Por qué se llaman ecosistemas estables?**

    a. Son ecosistemas con biodiversidad que han existido por mucho tiempo
    b. Son ecosistemas con escasa biodiversidad
    c. Son ecosistemas que han sido deforestados
    d. Son ecosistemas con escasa biodiversidad que han existido por poco tiempo

2. **Son desastres naturales que afectan la productividad**

    a. Tala inmoderada, sequía y saqueo de especies
    b. Huracán, tala inmoderada y uso de pesticidas
    c. Huracán, sequía y tornado
    d. Huracán, tala inmoderada y exceso de riego

3. **Es la definición de sucesión primaria**

    a. Se presenta en un área donde previamente no había vida
    b. Se presenta en un área densamente poblada
    c. Se presenta en un área lluviosa
    d. Se presenta en un área con cactáceas

4. **¿Qué es la sucesión secundaria?**

    a. Se desarrolla en áreas sin alteración
    b. Se desarrolla en áreas lluviosas
    c. Se desarrolla en áreas de cultivo
    d. Se desarrolla en áreas alteradas en las cuales ya ha existido algún ecosistema

5. **¿Cuáles son los principales elementos presentes en todos los organismos vivos?**

    a. Carbono, nitrógeno, fósforo, litio, azufre y oxígeno
    b. Carbono, nitrógeno, fósforo, uranio, azufre y oxígeno
    c. Carbono, nitrógeno, fósforo, azufre y oxígeno
    d. Carbono, nitrógeno, fósforo, azufre, plata y oxígeno

6. **¿Por qué se llaman perturbaciones antrópicas?**

    a. Son fenómenos naturales como huracanes o sequías prolongadas
    b. Son provocados por el hombre, por ejemplo, deforestación, contaminación, etc.
    c. Porque la humanidad cuida los ecosistemas
    d. Porque la humanidad reforesta los bosques

7. **¿Qué entiendes por servicios ecosistémicos?**

    a. Servicio social que apoya a los seres vivos y al planeta en general
    b. La naturaleza o ciertos procesos ecológicos proveen a los seres vivos y al planeta
    c. Servicios de salud para los seres vivos del planeta
    d. Servicios de salud para las personas

8. **Es considerado como la base de la vida al estar presente en distintos procesos**

    a. Plata (Ag)
    b. Azufre (S)
    c. Carbono (C)
    d. Nitrógeno (N)

9. **¿Qué es el cambio climático?**

    a. Cambio en la época de lluvias
    b. Cambio en la temporada de huracanes
    c. Cambios que favorecen a los ecosistemas
    d. Cambio en la temperatura promedio de la superficie del planeta y modificaciones en la distribución de la precipitación

10. **Se encuentra en los tres estados de agregación y es importante para que se desarrolle la vida**

    a. Ciclo del carbono
    b. Ciclo del fósforo
    c. Ciclo del nitrógeno
    d. Ciclo del agua

MI PROYECTO DE CIENCIAS SEGUNDO PARCIAL: ELABORACIÓN DE COMPOSTA

MI PREGUNTA

¿Qué alternativa podemos emplear para evitar el uso de agua potable en los inodoros?

INFORMACIÓN

Los baños secos o baños ecológicos son sistemas para defecar sin tener que usar agua, funcionan con la ayuda de materiales orgánicos como el aserrin, cal viva u otros materiales similares para ocultar las heces fecales y neutralizar el mal olor. Es un inodoro similar a los que se usan normalmente, pero sin el sistema de descarga para agua.

HIPÓTESIS

Los inodoros secos son una alternativa ecológica que sustituyen el agua potable por el uso de material orgánico como aserrín, cal, ceniza u hojarasca de árboles y pueden establecerse en áreas urbanas y rurales.

EXPERIMENTO

MATERIALES

1/2 hoja de triplay de 18 mm
1 asiento para inodoro
2 bisagras de libro de 1 pulgada
1 bote de 19 litros
Resistol blanco 850
20 pijas negras #8 X 11/2 pulgadas
1 galón lleno de aserrin
1 Kg de cal común

PROCEDIMIENTOS

Cortar 6 piezas de triplay de 40x50 cm, 2 pieza de 50x50 cm, 2 piezas de 12x40 cm y 2 piezas de 16x50 cm.

En la tabla de 50x50 cm hacer una perforación elíptica de aproximadamente 35 cm de largo x 25 cm de ancho, usando como plantilla el asiento para inodoro.

Armar un cubo con 3 piezas de 40x50 cm cuidando que los 50 cm queden de forma vertical y fijar las piezas de 50x50 cm una por arriba y la otra por abajo. Fijar las bisagras a la otra pieza de 40x50 cm para usarla como puerta. Colocar un contenedor de 10 litros dentro del cubo para heces fecales y otro de 5 litros para orina.

Con las otras 2 piezas de 40x50 cm, las 2 piezas de 12x40 cm y las 2 de 16x50 cm armar otro cubo con una tapa y colocarlo en la parte trasera para usarlo como deposito del aserrín.

Presentar el prototipo a tu comunidad escolar para tomar decisiones acerca de su instalación.

PREGUNTAS

1. ¿Por qué es importante cambiar el baño convencional por el baño seco?
2. ¿Cuál es la cantidad de agua que utiliza una persona por día, por mes y por año con el uso de un baño convencional?
3. ¿Cuáles son las ventajas del uso de un baño seco?
4. ¿Cuáles son las desventajas de un baño seco?

RESULTADOS Y CONCLUSIÓN

Anota tus resultados y conclusión.

Apertura

Fig. 3.1. El agua es un líquido vital que debemos cuidar.

La productividad de un ecosistema refleja la entrada de energía en los organismos, considerando que la energía entra por el primer nivel de la cadena trófica, el cual está compuesto por los productores primarios; la disponibilidad de agua y de nutrientes en el suelo y determina la cantidad de energía disponible en un ecosistema determinado, por lo tanto, en las selvas y bosques, la productividad es mayor y en los desiertos y zonas áridas es menor. Es aquí donde se reflejan las diferencias en las productividades de los ecosistemas.

El agua es el principal determinante de las condiciones físicas de los ecosistemas, junto con los cerros, barrancos y valles determina las particularidades de cada región y de cada zona geográfica. A medida que transcurre el tiempo y en muchos casos, después de cientos o quizá miles de años, los ecosistemas y las comunidades que los conforman logran establecer una estabilidad y un equilibrio que se refleja en la convivencia armoniosa de todos y cada uno de los seres vivos y no vivos que ahí conviven. Esta convivencia, desde luego, implica que cada uno de los seres vivos de la cadena alimenticia cumpla su función y se alimenten unos de otros manteniendo con esto el equilibrio que se menciona, controlando el crecimiento desmedido de alguna comunidad.

El equilibrio puede darse en todos los ecosistemas, desde el desierto hasta las exuberantes selvas tropicales. El equilibrio en los ecosistemas implica que las poblaciones de individuos que lo integran permanezcan estables, es decir, que el número de individuos de una comunidad en especial no crezca desmedidamente. En el caso de los elementos abióticos, estos logran equilibrarse de forma autónoma; las semillas germinan y las plantas crecen mientras existan condiciones favorables o poco favorables para hacerlo. Así, han logrado adaptarse a diferentes condiciones durante miles de años.

Tanto en los mares como en la tierra firme, los ecosistemas pueden ser afectados por diferentes situaciones. Las condiciones climáticas suelen ser el principal factor que afecta el equilibrio, aunque la interferencia del hombre también lo es. La naturaleza se encarga de mantener a los individuos correctos en los ecosistemas adecuados. El hecho de introducir especies ajenas en los ecosistemas implica promover un desbalance en las comunidades, lo cual puede llevar a la desaparición de plantas y animales que no cuentan con las defensas suficientes para enfrentar a las especies ajenas.

La estabilidad y madurez de los ecosistemas están en constante fluctuación, ya que las amenazas siempre están presentes y pueden romperse en poco tiempo. El clima es un factor que siempre varía; por ejemplo, la lluvia nunca es constante ni llueve con igual intensidad, aún en un mismo valle o región. Por su parte, las plantas cuentan con cierta resistencia que les permite vivir hasta cierto límite en condiciones desfavorables y recuperarse de una temporada a otra.

Desarrollo

Estabilidad, madurez y productividad de un ecosistema

Productividad y energía se encuentran estrechamente relacionadas, esto se entiende por la cantidad de energía solar que reciben las plantas para realizar la fotosíntesis. La energía y el carbono fluyen en redes tróficas y circulan a través de los ecosistemas. La productividad primaria neta (PPN) varía entre los ecosistemas y depende de muchos factores. Estos incluyen la energía solar recibida, la temperatura, la humedad, los niveles de dióxido de carbono, la disponibilidad de nutrientes y las interacciones en la comunidad (por ejemplo, el consumo de pasto de los herbívoros). Estos factores afectan la cantidad de fotosintetizadores presentes para captar la energía luminosa y la eficiencia con la que realizan su función. Por otro lado, la estabilidad de un ecosistema se observa cuando tiene la capacidad de resistir las perturbaciones.

Fig. 3.2. Las selvas son ecosistemas biodiversos y productivos.

Ecosistemas estables. Son aquellos ecosistemas integrados por variedad y cantidad suficiente de árboles, plantas, animales, ríos o lagos que han existido por mucho tiempo (cientos de años), es decir, comunidades maduras que se encuentran en equilibrio y por lo tanto son capaces se sostener mayor cantidad de vida y son resistentes a cambios como sequias o incendios. Estas características permiten que la vegetación fije cantidades suficientes de energía solar dando como resultados una elevada productividad, grandes cantidades de biomasa y por lo tanto las cadenas alimenticias son abundantes y complejas. Bajo estas condiciones de gran diversidad y con mayor número de transformaciones, habrá mayor estabilidad y mejores posibilidades de equilibrio.

Ecosistemas inmaduros o inestables. Son aquellos que han sufrido alguna perturbación como incendio o tala inmoderada y han perdido flora y fauna. En este tipo de ecosistemas la fijación de energía solar es poca, ya que mucha se disipa. Son vulnerables a tormentas u otros fenómenos naturales que puedan erosionar el suelo, causar inundaciones, u otra problemática; además, su capacidad para resistir perturbaciones disminuye y su productividad se ve afectada. Este tipo de ecosistemas no tienen la capacidad de resistir a diversos cambios ya que se encuentra en proceso de recuperación y por lo tanto no puede sostener gran cantidad de organismos y las cadenas alimenticias son reducidas y sencillas.

Fig. 3.3. Ecosistema vulnerable a erosión por escasa vegetación.

Sucesión primaria y secundaria

Fig. 3.4. Ejemplo de sucesión primaria

Un ecosistema natural se desarrolla y evoluciona a través del tiempo por medio de un proceso llamado **sucesión,** entendido como cambios progresivos en la composición de una comunidad ecológica a lo largo del tiempo, donde también existen modificaciones sobre el ambiente físico.

Se da el nombre de **sucesión** al desarrollo de la comunidad por acción de la vegetación, que origina el establecimiento de nuevas especies, y es el fenómeno universal de cambio direccional en la vegetación, en una escala de tiempo ecológica. Se identifica por el cambio progresivo en la composición de especies de la comunidad (Krebs, 1985).

Sucesión primaria. Se presenta en un área donde previamente no había vida. Un ejemplo de esta sucesión se observa cuando los organismos pioneros como los líquenes crecen en las pequeñas hendiduras de las rocas y permiten que ahí se acumule suelo y otras partículas inorgánicas como se muestra en la fig. 3.4. Cuando el liquen muere es fuente de materia orgánica que, junto con el suelo acumulado, forma el sustrato sobre el cual se pueden desarrollar los musgos. Estos llegan a cambiar las condiciones ambientales, hasta que los líquenes no pueden sobrevivir debido a que los requerimientos de la comunidad del musgo son diferentes a los de los líquenes.

Sucesión secundaria. Se desarrolla en áreas, alteradas, es decir, aquellas en las cuales ya ha existido algún tipo de ecosistema. Este tipo de sucesión ocurre en campos agrícolas abandonados (acahuales), en los cuales se presentan pastizales, después se desarrollan los pinos, seguidos por la maleza y otras especies vegetales hasta que se establece una comunidad clímax. La sucesión secundaria también se lleva a cabo después de que un bosque se ha incendiado. Este tipo de sucesión se puede llevar a cabo en poco tiempo o durante un largo periodo. (Valdivia *et al.*, 2002).

Fig. 3.5. Elevadas temperaturas causan incendios forestales.

Ejemplos de sucesión ecológica secundaria

Sucesión de un incendio forestal
Sucesión en un árbol caído
Sucesión en Islas volcánicas

Un ecosistema logra la **estabilidad** cuando sus servicios ecosistémicos se mantienen constantes durante un período de tiempo largo. Estos servicios ecosistémicos se refieren a la fertilidad del suelo, la conservación de sus especies vegetales entre otros.

En ecología, el concepto de **estabilidad** se refiere a la capacidad de un ecosistema de mantener de forma permanente el suministro de sus servicios ecosistémicos, tales como la producción de alimentos, la captura de carbono y la fertilidad de los suelos.

La productividad dentro de cada ecosistema es diferente y depende directamente de las condiciones presentes en cada uno de ellos, así como de la estabilidad y madurez que haya logrado a través del tiempo.

Los ecosistemas son susceptibles de ser afectados por diferentes condiciones, tales como la intervención humana, o bien por la presencia de meteoros tales como los huracanes, tormentas, tornados, etc. Estos fenómenos meteorológicos pueden provocar vientos extremos o bien lluvias torrenciales que pueden ocasionar corrientes de agua muy grandes capaces de arrastrar a su paso la vegetación existente, dejando tras de sí, parajes desolados y destruidos.

Por otro lado, la intervención humana, con la finalidad de explotar los diferentes recursos de distintos ecosistemas, provoca destrucción, la mayoría de las veces de forma desmedida y sin control.

Actividad 1. Analiza la información y completa el cuadro comparativo

CUADRO COMPARATIVO

	Ecosistemas estables y maduros	Ecosistemas inestables e innmaduros
Productividad		
vulnerabilidad		
Diversidad		
Equilibrio		

¿Por qué se pierde la biodiversidad?

Fig. 3.6. Grandes extensiones de selva se convierten en pastizales para ganadería.

Es fundamental analizar el deterioro y la pérdida de biodiversidad en los ecosistemas, ya que estos están estrechamente relacionados con los hábitats de numerosas especies. La pérdida de hábitat ocurre debido al «cambio de uso del suelo», que transforma ecosistemas naturales, como bosques, selvas y pastizales, en áreas destinadas a actividades agrícolas, ganaderas, industriales, turísticas, petroleras y mineras, entre otras. Todas estas modificaciones están contempladas en las evaluaciones de impacto ambiental de la Ley General del Equilibrio Ecológico y la Protección al Ambiente (LGEEPA, 2013, Sección V).

Si bien la transformación del territorio no siempre es total, sí genera perturbaciones que alteran la composición, estructura y función de los ecosistemas, afectando tanto a la fauna como a la flora. Según estimaciones recientes, en México se ha perdido aproximadamente el 50 % de los ecosistemas naturales. Las principales afectaciones han ocurrido en selvas húmedas y secas, pastizales, bosques nublados y manglares, mientras que en matorrales y bosques templados el impacto ha sido menor.

En general, los ecosistemas más accesibles, productivos y con suelos de mayor calidad, ubicados en terrenos planos, han sufrido las mayores transformaciones. En contraste, los principales remanentes se encuentran en zonas de difícil acceso o con baja productividad.

Tipos de perturbaciones

Perturbaciones naturales

Se consideran **perturbaciones naturales** a la presencia de fenómenos naturales como granizos, huracanes, avalanchas, tsunamis, erupciones volcánicas, tormentas eléctricas y tormentas de arena. Cada uno de ellos afecta los ecosistemas de acuerdo a su grado de intensidad. Los **huracanes** por ejemplo, afectan distintos ecosistemas, principalmente manglares que se ubican en zonas costeras. También dañan los ecosistemas dulceacuícolas ya que los huracanes transportan agua de mar a ríos y lagos y afectan la vida de estos ecosistemas. Sin embargo, los huracanes son los fenómenos meteorológicos que más beneficios proporcionan al ambiente en general, ya que sus vientos impulsan a las nubes tierra adentro hasta los lugares más lejanos donde se necesita el agua.

Fig. 3.7. Las lluvias erosionan suelos desprotegidos en zonas semidesérticas.

Los vientos de los huracanes destruyen nidos de aves, transportan algunas especies animales fuera de su hábitat y en el peor de los casos causan la muerte, esto ocasiona agotamiento de fauna y flora terrestre. Aunque todo lo dicho anteriormente es cierto, los huracanes son formaciones que han existido desde tiempos inmemoriales y las afectaciones que ocasionan sobre los ecosistemas, siempre se han regenerado.

Perturbaciones antrópicas

Fig. 3.8. Incendio forestal en el área de la Reserva Cuicatlan-Tehuacán, Puebla-Oaxaca.

Son aquellos daños provocados por el hombre, por ejemplo, incendios forestales, deforestación, vertimiento de desechos a los ríos, contaminación por derrames de petróleo al mar, incidentes nucleares, calentamiento global, cambio climático, etc. Los ecosistemas acuáticos y terrestres se ven afectados por actividades antrópicas en todo el mundo.

Los humedales, pantanos, selvas y bosques, por ejemplo, se ven afectados por actividades como ganadería, cultivos y urbanismos. La superficie de la selva amazónica ha sido afectada por la tala de árboles, incendios, forestales y reemplazada por ganadería y por cultivos de soya. Las selvas son clave para el equilibrio climático, abastecimiento de agua, para la pesca, el almacenamiento de carbono y para protección de la biodiversidad. La deforestación y la degradación forestal es otra problemática del planeta; cerca del 47 % de los bosques del mundo enfrentarán un alto riesgo de deforestación o degradación para el año 2030.

Los incendios forestales por altas temperaturas, en su mayoría propiciadas por cambio climático y la tala insostenible e ilegal, son problemáticas que señalan que en los próximos 10 años, aproximadamente 6.5 millones de millas cuadradas de bosques tienen un alto riesgo de degradarse.

En los ecosistemas marinos hay derrames de petróleo (mareas negras), químicos y basura que causan algunas catástrofes ecológicas irreversibles. En el caso de los derrames de hidrocarburos, obstaculizan el paso de luz solar para que el fitoplancton realice la fotosíntesis y al ser acarreados por el viento, dañan el hábitat de algunas especies, además de afectar la vida marina, la cadena alimenticia y en algunos casos, causan la muerte de organismos.

Alteraciones en los ecosistemas

Fig. 3.9. El derretimiento de los Glaciares de Mont Blank se acelera por el calentamiento global.

Muchos ecosistemas han sido transformados en zonas urbanas o se han construido vías de comunicación en parte de su territorio. Aunado a ello, la mayoría de los ecosistemas se ven afectados por las perturbaciones antrópicas y el cambio climático, que afecta su productividad y estabilidad. Por ejemplo, el derretimiento de los polos afecta a los océanos y las sequías extremas cambian la productividad de los bosques y praderas. Estas perturbaciones alteran los flujos de materia y energía en los ecosistemas y, por ende, la estabilidad y productividad también se ven afectadas.

Actividad 2. Revisa la información del código QR y contesta las siguientes preguntas

MAREAS NEGRAS
LAS MAYORES CATÁSTROFES
DE LAS ÚLTIMAS DÉCADAS

1. ¿Qué es una marea negra?

___

2. ¿Quién o cómo se produce una marea negra?

___

3. Anota algunos efectos negativos de las mareas negras.

___

___

4. ¿Cuánto duran las mareas negras?

___

___

5. ¿Cómo se elimina una marea negra?

___

___

Restauración, recuperación y estabilidad de los ecosistemas

Un ecosistema es un conjunto de seres vivos (factores bióticos) y condiciones ambientales (factores abióticos) que se relacionan estrechamente y comparten un determinado lugar. Los ecosistemas tienen la capacidad de mantenerse en equilibrio. En otras palabras, en los ecosistemas existe la **homeostasis**; es decir, la tendencia a resistir cambios con el fin de mantener un ambiente interno estable, pero si por alguna razón, alguno de los componentes sufre cualquier alteración o modificación, la estabilidad del ecosistema se ve afectada.

Para restaurar y recuperar los ecosistemas es necesario establecer medidas como la **veda**, es decir, la prohibición temporal o permanente de la pesca y la caza, de esa manera se busca que las especies puedan reproducirse.

En cuanto a la agricultura, se sugiere la rotación de cultivos para que la tierra recupere sus nutrimentos, uso de abonos orgánicos y mecanismos naturales para el control de plagas y enfermedades. Fomentar el cultivo de algunas frutas y verduras en los colegios y en los hogares con la menor cantidad de insumos agrícolas para obtener alimentos frescos y sin contaminantes químicos.

Fig. 3.10. Manejo sustentable de la plaga de Chapulín y otros insectos.

Una tarea importante por parte de las instituciones educativas de todos los niveles es promover y colaborar activamente en campañas de reforestación y limpieza de ríos, lagos, playas o áreas comunes, para que los estudiantes se conecten con la naturaleza, valoren los ecosistemas, aprecien los beneficios que brinda la preservación de los recursos naturales y trabajen sus asignaturas con temas reales donde puedan resolver problemáticas comunes.

La estabilidad de los ecosistemas busca que un ecosistema mantenga a largo plazo el suministro de alimentos, la captura de carbono y la fertilidad del suelo principalmente. Esto se logra con las estrategias señaladas anteriormente, aunado a la diversidad de estrategias regionales implementadas para la recuperación de predios o ecosistemas que requieran atención con medidas de conservación, reproducción de especies u otras actividades afines por parte de comunidades educativas, ONGs, organizaciones altruistas, etc., para prevenir, mitigar y revertir la degradación ambiental de bosques, selvas, praderas, humedales, manglares, océanos, etc., que tienen una función importante en el ciclo del agua y en la supervivencia de la humanidad.

Cierre

Actividad 3. Con lo aprendido en esta progresión, completa los enunciados y resuelve la sopa de letras

1. Son ecosistemas integrados por variedad y cantidad suficiente de árboles, plantas, animales, ríos o lagos que han existido por mucho tiempo ______________.

2. Son ecosistemas que han sufrido alguna perturbación como incendio o tala inmoderada y han perdido flora y fauna _________________.

3. Cambios progresivos en la composición de una comunidad ecológica a lo largo del tiempo, donde también existen modificaciones sobre el ambiente físico ___________.

4. Sucesión que se desarrolla en áreas, alteradas, es decir, aquellas en las cuales ya ha existido algún tipo de ecosistema _____________.

5. Sucesión que se presenta en un área donde previamente no había vida __________.

6. Un ecosistema logra la ___________ cuando sus servicios ecosistémicos se mantienen constantes durante un período de tiempo largo.

7. Son perturbaciones que suceden por la presencia de fenómenos naturales como granizos, huracanes, avalanchas, tsunamis, erupciones volcánicas, tormentas eléctricas y tormentas de arena _____________.

8. Daños provocados por el hombre, por ejemplo incendios forestales, deforestación, vertimiento de desechos a los ríos, contaminación por derrames de petróleo al mar, incidentes nucleares, calentamiento global, cambio climático ___________.

9. La marea negra es provocada por derrame de _______________ al mar.

10. Las mareas negras son formas de _________________ al mar.

Progresión 12. Las sustancias presentes en los organismos vivos intervienen en las redes tróficas, en ellas se combinan y recombinan de diferentes formas y fluyen entre los organismos, la atmósfera y el suelo. En cada nivel de la cadena trófica, la materia y la energía se conservan. Por ejemplo, en una etapa del ciclo del carbono sucede la fotosíntesis y la respiración celular, en ella se dan procesos químicos, físicos y biológicos, en los que se intercambia el carbono entre la biósfera, la atmósfera y los océanos

Apertura

Los organismos de todos los seres vivos están compuestos por diferentes sustancias, principalmente por carbono, el cual sufre transformaciones al pasar desde su forma mineral o inorgánica hasta su forma orgánica. Como se ha mencionado reiteradas veces, la vía de entrada de energía en la cadena trófica es por medio de las plantas o productores primarios.

Las plantas son, posiblemente, los organismos más importantes en la vida, ya que, en presencia de la luz solar, cuentan con los mecanismos para transformar el agua y los nutrientes en materia vegetal, la cual es fuente de alimentación para todos los consumidores primarios desde insectos y roedores hasta los grandes ungulados, incluyendo, desde luego, a los seres humanos.

La energía solar es indispensable para la vida, ya que la presencia o ausencia de esta durante los procesos de la fotosíntesis promueve la formación de diferentes sustancias dentro de las células vegetales.

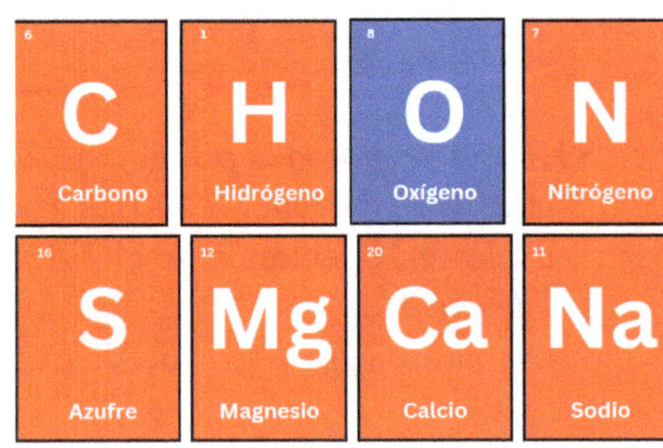

Fig. 3.11 Algunos bioelementos más importantes.

En la naturaleza se presentan cinco ciclos biogeoquímicos: el ciclo del agua, el ciclo del carbono, el ciclo del nitrógeno, el ciclo del fósforo y el ciclo del azufre. Son cuatro elementos (C, N, P, y S) en sus diferentes formas moleculares los responsables de promover los diferentes procesos que sustentan la vida. Por su parte, el ciclo del agua es indispensable para hacer llegar el fluido vital hasta las plantas ubicadas en las zonas aún más alejadas. Los ciclos biogeoquímicos son aquellos que se presentan en la naturaleza para reutilizar algunos de los elementos más importantes para la vida como el hidrógeno, oxígeno, carbono, nitrógeno, azufre y fósforo.

El ciclo del carbono y el del nitrógeno se presentan principalmente en el ambiente y el del fósforo y el del azufre en el suelo. El **carbono** es el elemento fundamental de los compuestos orgánicos como los hidratos de carbono, los lípidos, las proteínas, etc. Los átomos de carbono poseen la cualidad de unirse entre sí y con el hidrogeno, principalmente, para formar grandes cadenas moleculares.

Por su parte, el **nitrógeno** es el elemento más abundante en la atmosfera y se encuentra en el aire que respiramos Es utilizado por plantas y animales para producir aminoácidos, que a su vez producen las proteínas que construyen las células y es uno de los componentes básicos del ADN. El nitrógeno es un nutriente importante para la producción agrícola. Para que las plantas lo puedan aprovechar, debe combinarse con el hidrogeno, para formar amoniaco en forma de gas, el cual puede ser absorbido por las raíces de las plantas.

Finalmente, el azufre y el fósforo son 2 elementos que se encuentran en el aire, en el agua y en el suelo de forma abundante y diferentes compuestos o radicales que son útiles para las plantas.

Desarrollo

Captura y liberación del carbono

En la **fotosíntesis**, las plantas, algas y algunas bacterias fotosintéticas **capturan** el CO_2 atmosférico para convertirlo en distintos compuestos orgánicos. En la **respiración**, los organismos liberan CO_2 a la atmósfera, descomponen los compuestos orgánicos para la obtención de energía y con ayuda de ciertos organismos, la descomposición tiene como resultado la liberación de CO_2 al descomponer materia orgánica.

Captura de carbono (Fotosíntesis)

$$6CO_2 + 6H_2O + \text{luz solar} \rightarrow C_6H_{12}O_6 + 6O_2$$

Liberación de carbono (Respiración celular)

$$C_6H_{12}O_6 + 6O_2 \rightarrow 6CO_2 + 6H_2O$$

Transferencia de carbono en las redes tróficas

El carbono se encuentra en la atmosfera en forma de CO_2 (dióxido de carbono), el cual es un gas que absorben las plantas durante el proceso de la fotosíntesis. Este proceso se lleva a cabo durante el día, durante la noche, las plantas liberan el CO_2 nuevamente al ambiente.

En las cadenas tróficas, el CO_2 entra en los organismos de los seres vivos cuando los herbívoros se alimentan de las plantas y cuando los carnívoros se alimentan de los herbívoros. Durante la digestión, sus organismos se benefician de la energía presente en las plantas y una parte se regresa diariamente al suelo en forma de heces fecales, otra parte del CO_2 se queda en los cuerpos de los animales y regresa al suelo cuando mueren y sus cuerpos se degradan.

También puede ocurrir que las plantas no sean consumidas por ningún herbívoro y cuando estas mueren, sus hojas y ramas se degradan de forma natural o bien por la acción de los descomponedores y nuevamente el CO_2 regresa al suelo.

Intercambio de carbono en la biosfera (atmósfera, hidrosfera y litosfera)

El carbono se encuentra en los tres estratos de la biosfera, en forma gaseosa en la atmosfera, diluido en el agua y en estado sólido en la litosfera en forma de carbonatos presentes en las rocas calizas.

El carbono puede integrarse en la atmosfera de forma natural o bien de forma artificial por acción y efecto de las actividades humanas como resultado de la combustión de combustibles fósiles y quema de material vegetal tanto en la agricultura como en las actividades hogareñas, en los asentamientos rurales principalmente.

En los océanos, el CO_2 se encuentra disuelto en forma de bicarbonato y es absorbido por las algas marinas y por el fitoplancton durante la fotosíntesis y liberado durante la respiración. Otra forma de acumulación de este elemento es por medio de las conchas de moluscos y caracoles marinos. Cuando estos mueren, sus conchas se acumulan en el fondo marino y con el paso del tiempo, el carbono contenido en ellas se libera en el agua.

En la litosfera, el carbono se encuentra presente en todos los organismos vivos. Cuando los animales mueren o bien cuando las plantas y árboles se secan y se desintegran, el carbono se integra en el suelo. De forma natural, el carbono se encuentra en las rocas calizas en forma de carbonato de calcio. Existen minas de piedra caliza donde se explota para fabricar cal utilizada en la construcción principalmente.

Sustancias presentes en los organismos

Las redes tróficas representan el flujo de energía y nutrientes a través de los ecosistemas, conectando a todos los organismos vivos en una intrincada red de relaciones alimenticias. En estas redes, las sustancias clave que intervienen y que fluyen entre los organismos, la atmósfera y el suelo son principalmente nutrientes y compuestos químicos esenciales para la vida. Algunas de las sustancias más importantes presentes en todos los organismos vivos son el Carbono (C), Nitrógeno (N), Fósforo (P), Azufre (S) y Oxígeno (O), mismos que se muestran en la figura 3.12.

Bioelementos y su función en los seres vivos

Los bioelementos son aquellos elementos que se encuentran formando parte de los organismos de los seres vivos. Se dividen en 3 grupos, los bioelementos principales o primarios, los bioelementos secundarios y los oligoelementos. Su abundancia en los organismos de los seres vivos es similar a su abundancia en la atmosfera. Se clasifican en:

- **Bioelementos primarios o principales**. Son el carbono (C), hidrógeno (H), oxígeno (O) y nitrógeno (N). Estos elementos constituyen aproximadamente el 95 % de la masa total de los seres vivos. Son fundamentales en la composición de las biomoléculas como los carbohidratos, los lípidos y las proteínas, así como los ácidos nucleicos.
- **Bioelementos secundarios.** Son azufre (S), fósforo (P), magnesio (Mg), calcio (Ca) el sodio (Na), potasio (K) y cloro (Cl).

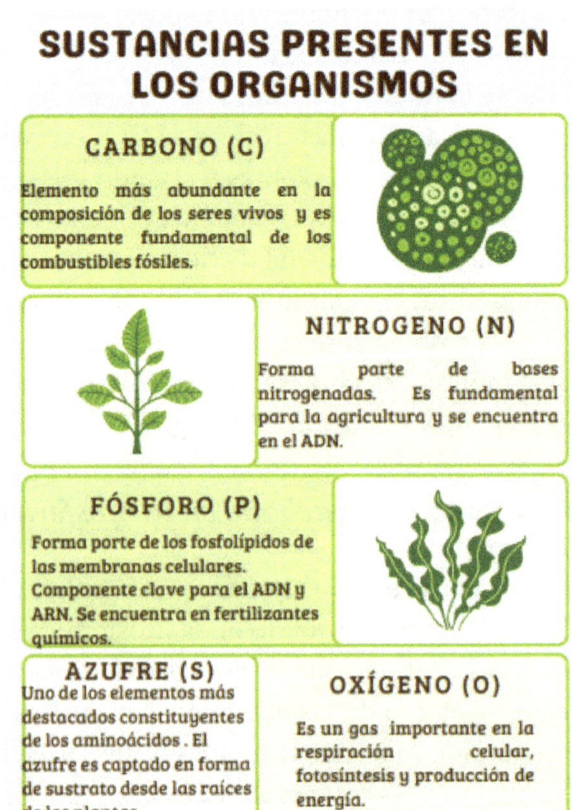

Fig.3.12. Elementos presentes en los organismos.

Estos elementos representan alrededor del 4.5 % de la masa de los seres vivos y forman parte de diversos proceso metabólicos y estructurales.

- **Oligoelementos**. Se encuentran en cantidades muy pequeñas en los organismos de los seres vivos y son el hierro (Fe), cobre (Cu), zinc (Zn) manganeso (Mn), yodo (I), níquel (Ni), cobalto (Co), silicio (Si), flúor (F), cromo (Cr), litio (Li), boro (B), molibdeno (Mo) y aluminio (Al). Aunque sus cantidades son muy pequeñas, su presencia es fundamental, ya que la falta de ellos o bien el exceso, puede ocasionar enfermedades.

Ciclo del carbono

El CO_2 se encuentra en la atmosfera en un 0.03 % disuelto en el aire que respiramos, o bien disuelto en el agua de los océanos y de los cuerpos de agua dulce como carbonatos o bien como bicarbonatos (CO_3^{2-}). También se encuentra en los depósitos de petróleo, gas natural y carbón mineral y como sedimentos y rocas calizas.

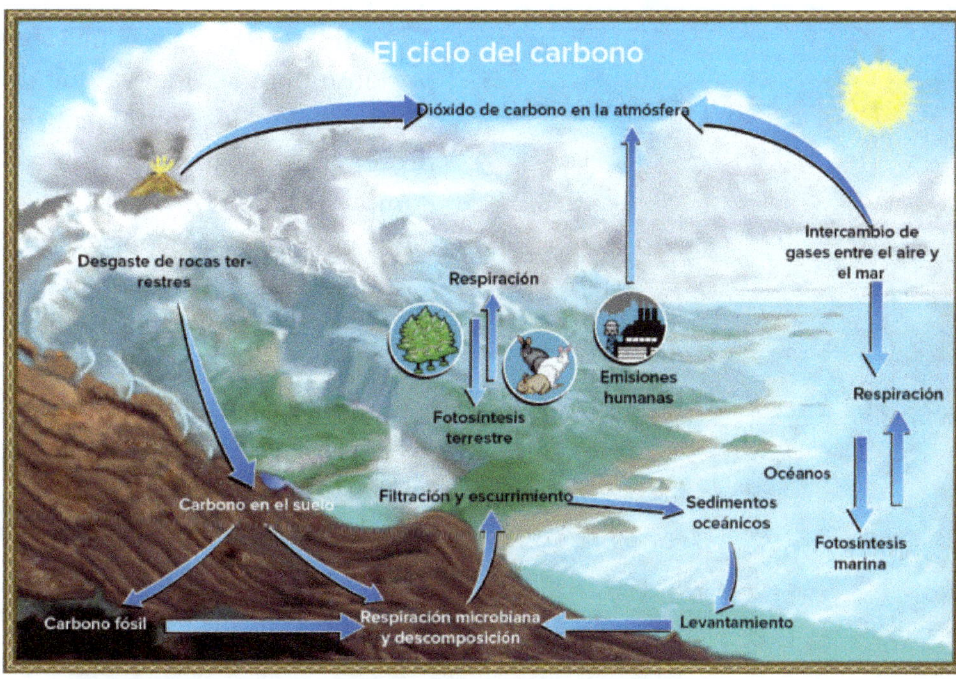

Fig. 3.13. El ciclo del carbono en la naturaleza.

Durante el proceso de la fotosíntesis, las plantas toman el dióxido de carbono de la atmosfera y lo incorporan en forma de compuestos orgánicos como la glucosa, para elaborar almidón o celulosa en fases posteriores. Cuando los herbívoros se alimentan de las plantas o productores primarios, están adquiriendo el carbono presente en ellas y lo integran en sus organismos. Cuando los consumidores primarios son consumidos por los carnívoros, estos también integran el carbono en sus tejidos y de esta manera circula el carbono por los niveles tróficos. Hay dos formas en las que el carbono se reintegra en la atmosfera, la primera se da cuando los seres vivos respiran, aspirando el aire y exhalando CO_2, la otra forma ocurre cuando los seres vivos mueren y sus cuerpos son reducidos por los descomponedores (hongos y bacterias) hasta convertirlos en nutrientes para el suelo, liberando CO_2.

El dióxido de carbono también se encuentra disuelto en el agua, tanto dulce como salada, de esta manera, las plantas acuáticas lo absorben durante el proceso de la fotosíntesis. Además, el dióxido de carbono que se encuentra en el aire, se deposita sobre el agua disolviéndose. A lo largo de miles o quizá millones de años, han existido los animales acuáticos con conchas (caracoles, almejas, ostras, etc.), los cuales cuando mueren se depositan en los lechos marinos y llegan a liberar el CO_2 con el que se formaron.

Ciclo del nitrógeno

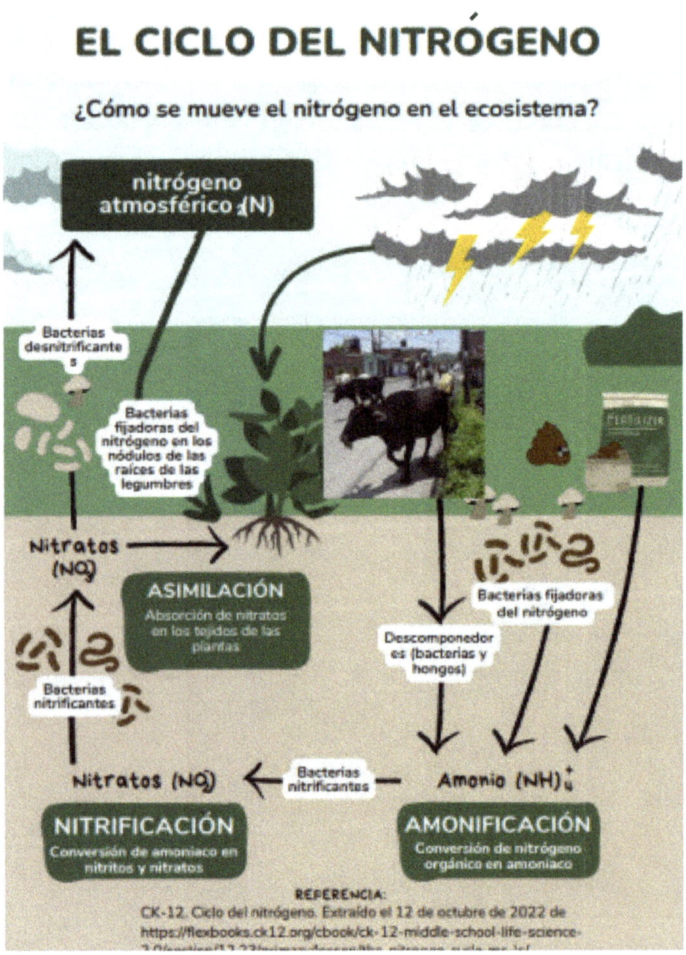

Fig. 3.14. Nitrógeno, el cuarto elemento más abundante en los tejidos vivos.

El nitrógeno es el elemento más abundante en la atmósfera, representando aproximadamente el 78 % del total de gases. El aire que respiramos es una mezcla de varios gases, principalmente nitrógeno y oxígeno, siendo el componente predominante el nitrógeno.

El nitrógeno es un elemento muy importante para la vida, ya que diversos tipos de biomoléculas lo contienen. Por ejemplo las proteínas formadas por aminoácidos tienen un compuesto amino (NH_2) y los ácidos nucleicos contienen las bases púricas y pirimídicas que son sustancias nitrogenadas.

El nitrógeno no puede ser utilizado en forma de gas por las plantas por lo que se requiere de la participación de ciertas bacterias, las cuales desempeñan funciones importantes en el ciclo del nitrógeno.

Las **bacterias fijadoras de nitrógeno**, son capaces de tomarlo del aire en forma de gas (N_2) y combinarlo con el hidrógeno para producir amoniaco (NH_3). Otras bacterias llamadas nitrificantes, trasforman el amoniaco en nitritos y nitratos. Las bacterias fijadoras de nitrógeno viven libres en el suelo o asociadas a las raíces de algunas plantas como las leguminosas (chícharo, frijol, lenteja, etc.).

Los nitratos producidos por las bacterias nitrificantes son utilizados por las plantas para sintetizar proteínas. Cuando el consumidor primario ingiere una planta, recibe el nitrógeno que a la vez utiliza en la síntesis de sus proteínas. Así, el nitrógeno pasa por los siguientes eslabones de la cadena. Cuando los organismos mueren, se presenta el proceso de descomposición en el que participan bacterias desintegradoras que transforman el nitrógeno, constituyente de las proteínas en compuestos como el amoniaco (NH_3). A partir de esta sustancia se forman nitritos y nitratos por la acción de las bacterias correspondientes. El nitrógeno del suelo en forma de nitratos puede ser integrado a la atmósfera por la acción de otro tipo de bacterias llamadas desnitrificantes.

Además de la acción de las bacterias nitrificantes, la formación de nitratos también ocurre por el efecto eléctrico de los relámpagos. Durante este fenómeno se transforma el nitrógeno atmosférico en ácido nítrico que se disuelve con la lluvia y se precipita al suelo donde puede ser utilizado (Valdivia *et al.*, 2002).

El ciclo del agua

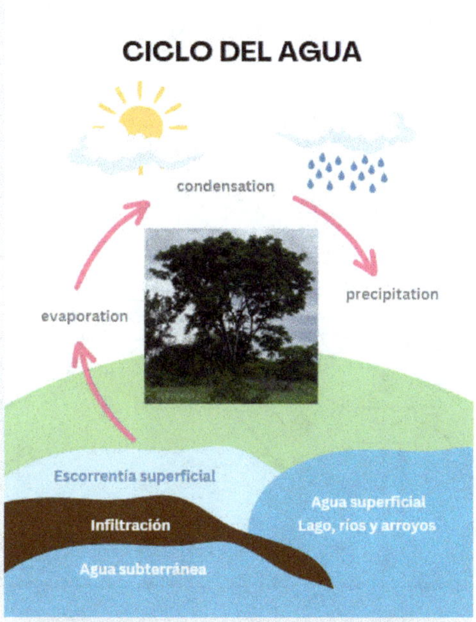

Fig. 3.15. Ciclo del agua, vital para la vida.

El ciclo del agua también conocido como ciclo hidrológico tiene gran importancia para que la vida se desarrolle en este planeta como la conocemos, ya que una de las propiedades físicas del agua es distribuir el calor para regular el clima del planeta, distribuir las precipitaciones y con ello, asegurar la sobrevivencia de los organismos en distintos ecosistemas. Además, al ser humano le permite realizar actividades básicas como la agricultura, ganadería, minería, industria, entre otras.

El agua se encuentra en tres estados: líquido en océanos, mares y ríos; sólido en glaciares y casquetes polares y en estado gaseoso en vapor de agua en las nubes. El ciclo del agua es un ciclo biogeoquímico que permite el movimiento y transformación de los elementos y compuestos químicos a través de los *sistemas biológicos*, geológicos y químicos de la tierra.

El ciclo del agua se lleva a cabo en tres etapas como se muestra en la figura 3.15: La primera ocurre cuando la energía solar calienta los cuerpos de agua y provoca la **evaporación**. En esta etapa participan los seres vivos por medio de la transpiración o evapotranspiración de las plantas. El vapor asciende a la atmósfera y una vez disperso tiende a unirse por efecto de las bajas temperaturas formando las nubes en el proceso conocido como **condensación.** Las nubes son transportadas por las corrientes atmosféricas y en el momento que la temperatura desciende, descargan el agua en forma de **precipitación** que se presenta en forma de lluvia, granizo o nieve. Una gran parte de la precipitación cae en los océanos, otra en el suelo donde ocurre la **infiltración,** ya que el agua se infiltra, se mueve hacia el interior y llega a los acuíferos subterráneos.

Ciclo del fósforo

El fósforo es un elemento que se encuentra en los organismos formando los fosfolípidos de las membranas celulares, en el ATP, en los ácidos nucleicos, en los huesos y dientes principalmente.

En el ambiente el fósforo se encuentra en forma de fosfatos en las rocas expuestas a la intemperie. Los fosfatos se disuelven fácilmente en el agua de lluvia de donde pueden ser absorbidos por las plantas y otros **productores**.

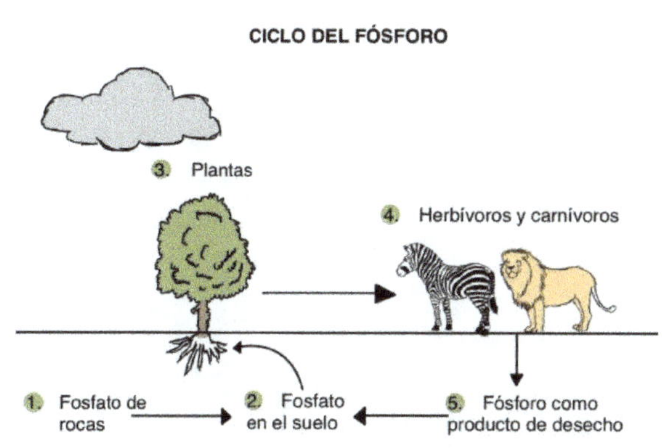

Fig. 3.16. Ciclo del fósforo entre productores, consumidores y descomponedores.

Los **consumidores** utilizan el fosfato que obtienen de los productores y así el fósforo va pasando a lo largo de la cadena alimenticia. Los seres vivos excretan el fósforo excedente. Cuando los organismos mueren los **descomponedores** convierten el fósforo orgánico en fósforo inorgánico, el cual pasa al suelo y se disuelve en el agua en forma de fosfatos, de donde puede ser reutilizado por los productores o bien reincorporarse a las rocas en un proceso de sedimentación (Valdivia *et al.*, 2002).

Los fosfatos que llegan al mar son absorbidos por las algas para integrarlos a sus moléculas como fosfolípidos, ácidos nucleicos, etc. El **plancton** ingiere a las algas y estos a su vez son comidos por los consumidores mayores como peces, moluscos, etc. Finalmente, los restos y cadáveres de los organismos son degradados por los descomponedores y de esta manera se reintegran los fosfatos al medio, ya sea que se sedimenten o se inicie el ciclo.

Ciclo del azufre

El azufre es un elemento importante en ciertas funciones metabólicas y un componente fundamental en algunos aminoácidos. En la corteza terrestre el azufre forma compuestos como sulfuros y sulfatos. El ciclo del azufre se lleva a cabo en tres medios: la **atmósfera, el agua y el suelo**, ver figura 3.17.

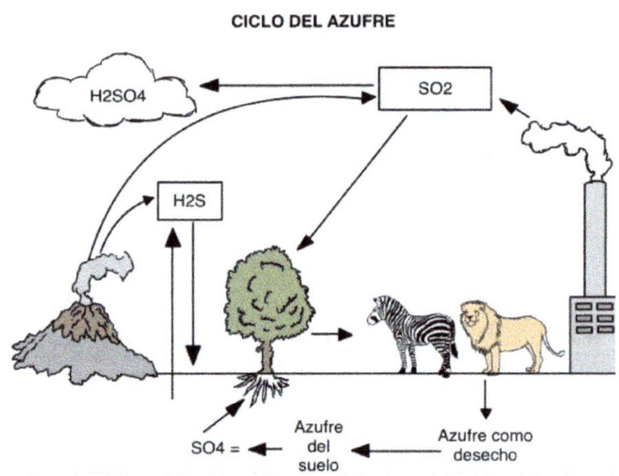

Fig.3.17. Ciclo del azufre entre la atmósfera, el agua y el suelo.

El azufre se encuentra formando compuestos solubles como sulfatos, que las plantas absorben y utilizan para la síntesis de algunos aminoácidos.

Cuando la planta sirve de alimento a los consumidores primarios, estos toman el azufre y lo transfieren a los consumidores secundarios. Finalmente, por la acción de los desintegradores, el azufre se reintegra al suelo en forma de compuestos inorgánicos. Parte del azufre del suelo es absorbido por las plantas y otra parte es arrastrada al fondo de los lagos y los océanos, donde se acumula. En la atmósfera se encuentra en forma de sulfuro de hidrógeno (H_2S) y de dióxido de azufre SO_2, los que provienen de las industrias, y de fuentes naturales como la actividad volcánica (Valdivia *et al.*, 2002).

Cierre

Actividad 1. Analiza el esquema que representa el ciclo del agua y anota la etapa correcta en los espacios vacíos

Actividad 2. Descarga la información del código QR, analiza la conferencia del investigador Armando Rosales para completar el siguiente texto

LA CRISIS DEL AGUA Y EL CAMBIO CLIMÁTICO

Situación actual del agua

Gran parte del ________ que se consume en la ciudad de México es a partir de pozos del acuífero de la ciudad, donde se perforan 200 a 400 m de profundidad. Esto ocasiona que la ciudad se ________ y es más vulnerable a los temblores. Por ese motivo a partir de una crisis de agua que se da en los años 60 se decide ________ agua desde dos sistemas externos como la Cuenca del Lerma, la cual en poco tiempo se secó. Entonces se trae agua de viejas presas Hidroeléctricas como la Presa Miguel Alemán que se encuentra en ______________. Hoy día se decide dejar de extraer agua de la presa de Valle de Bravo porque se encuentra en su nivel más bajo. El diagnóstico que tenemos es que el reparto del agua sigue siendo de forma __________, un alto porcentaje (48 %) de agua de la red se pierde en _______ o en tomas _________.

Existe una gran _____ del agua derivado del crecimiento __________ y uso de este líquido para un desarrollo __________. Hay menor disponibilidad de agua para consumo humano por la _________ de los mantos acuíferos y el uso del agua para actividades ________ e ___________. Las estimaciones al año 2030 indican que la población crecerá en 84 % con respecto a la actual y que habrá mayor _________ de agua, ya que se _________ más agua de la que se pueda _________ de manera natural en épocas de lluvia.

Actividad 3. En equipos de cinco estudiantes, utilicen el siguiente esquema para escribir la situación actual del agua (escenario) y algunas estrategias que te ayudarán a hacer un uso racional de este líquido de vital importancia. Realiza investigación en fuentes confiables y de manera grupal comenten cual es la importancia de cuidar, reutilizar y cosechar agua

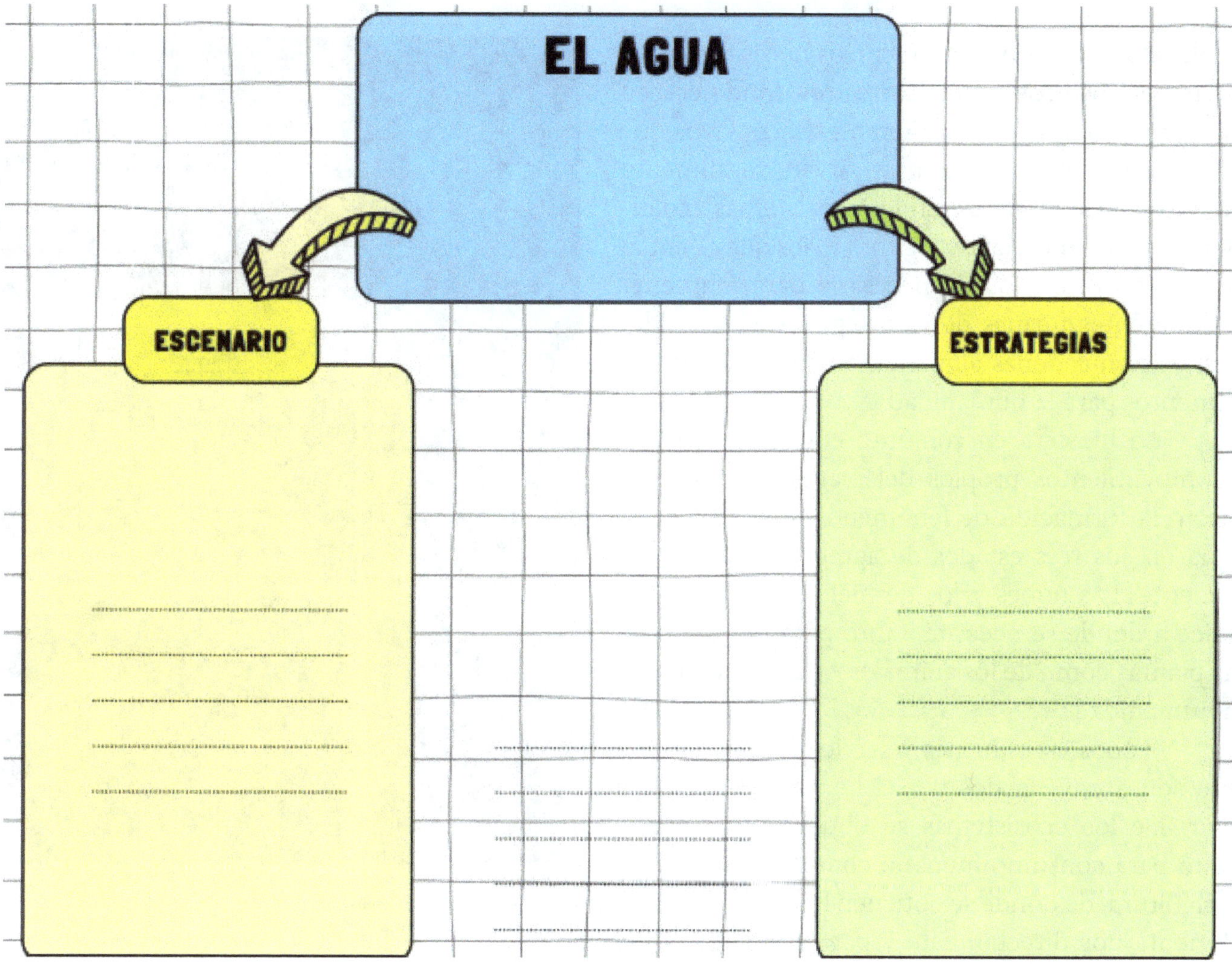

Progresión 13. Los servicios ecosistémicos o ambientales son aquellos que la naturaleza o los procesos ecológicos proveen a los seres vivos y al planeta y son considerados el motor del medio ambiente

Apertura

El planeta tierra provee de recursos necesarios para la vida en los ecosistemas terrestres donde crecen plantas y árboles y viven diferentes seres vivos que se alimentan unos de otros y sirven de alimento para los seres humanos. En los ecosistemas acuáticos como océanos, lagos, lagunas y ríos que cuentan con agua dulce y salada necesaria para mantener las diferentes formas de vida según sus necesidades, existen cadenas alimentarias que suministran alimentos para la humanidad.

La biosfera en conjunto con la luz solar y los movimientos propios del planeta tierra, propician la formación de fenómenos que mueven el agua en sus tres estados de agregación de forma eficiente. Las nubes y los deshielos llevan el agua dulce a donde se necesita, tanto para beneficio de las plantas como de los animales y desde luego para la humanidad.

Figura. 3.18. Los servicios ecosistémicos proporcionan alimento, salud, recreación, bienestar, etc.

Todos estos bienes y servicios de la naturaleza son aprovechados por el hombre para poder vivir. De los ecosistemas se obtiene agua dulce, tanto para consumo humano como para uso en la agricultura, de donde se obtienen los vegetales para alimentarnos directamente y para alimentar a los animales de donde obtenemos la carne y otros derivados.

El concepto de servicios ecosistémicos ha evolucionado desde finales de los años setenta y comenzó como un planteamiento utilitarista de los beneficios de los ecosistemas para aumentar el interés de la sociedad en la conservación de la biodiversidad. En los noventa, el concepto se empezó a incorporar en la literatura con un enfoque en estimar su valor económico. En la década del 2010, los servicios ecosistémicos se posicionaron en la agenda para la toma de decisiones económicas por medio de la promoción de instrumentos basados en el mercado de la conservación, como son los Mercados de Servicios Ecosistémicos y los Esquemas de Pagos por Servicios Ecosistémicos (E. Gómez-Baggethun *et al.*, 2010).

Desarrollo

Servicios ecosistémicos

Los **servicios ecosistémicos** también llamados **servicios ambientales**, son aquellos que la naturaleza o ciertos procesos ecológicos proveen a los seres vivos y al planeta. Para la organización de las Naciones Unidas para la Alimentación y la Agricultura (FAO), son el motor del medio ambiente (Secretaría de Medio Ambiente y Recursos Naturales, 2007).

Los servicios ecosistémicos se dividen en cuatro grupos: grupo 1 de abastecimiento, grupo 2 de regulación; grupo 3 de apoyo y grupo 4 culturales.

Servicios ecosistémicos de abastecimiento: son los beneficios materiales que las personas obtienen de los ecosistemas, tales como alimentos, agua, madera, minerales y energía proveniente de las hidroeléctricas, generadores eólicos, entre otros.

Servicios ecosistémicos de regulación: son los que se derivan de las funciones clave de los ecosistemas y ayudan a reducir algunos impactos locales y globales como: polinización de cultivos, purificación del agua y del aire, captura y almacenamiento de carbono, descomposición de residuos, control de plagas y enfermedades, reutilización de agua, etc.

Servicios ecosistémicos de apoyo: son necesarios para la producción de los demás servicios ecosistémicos. Su efecto benéfico es indirecto y puede apreciarse después de mucho tiempo. Algunos ejemplos de estos servicios son: la formación del suelo fértil, producción primaria relacionada con la formación de la capa vegetal y zonas arbóreas, hábitat para especies, depósitos de minerales, entre otros.

Servicios ecosistémicos culturales: Son aquellos beneficios no materiales que enriquecen la calidad de vida, tales como la identidad cultural, valores estéticos, educacionales, religiosos y espirituales, las oportunidades de generar conocimiento y turismo asociado a la naturaleza. (Secretaría de Medio Ambiente y Recursos Naturales, 2021).

Bienes y servicios que proporcionan los ecosistemas

Fig. 3.19. Los servicios ecosistémicos proveen a la humanidad de recursos para cubrir diversas necesidades, sin embargo, no son valorados y son sobreexplotados

Cuando hablamos de servicios ecosistémicos, nos referimos a todos los beneficios que obtenemos de la naturaleza, tales como alimentos, oxígeno, agua, combustibles, materias primas para medicamentos, muebles ropa, cosméticos etc.

La imagen de la ruleta muestra claramente que los recursos naturales son utilizados por el hombre de forma directa o indirecta, por medio de un proceso de trasformación o industrialización y son consumidos o comercializados.

Situación actual de los servicios ecosistémicos

Ciertos informes determinaron que alrededor de 1 millón de especies de animales y plantas están ahora en peligro de extinción, más que nunca en la historia de la humanidad. La explotación del medio ambiente ha llegado a extremos insostenibles. Cada año se pierden cerca de 4.6 millones de hectáreas de bosques y, tan solo en el último siglo, la mitad de los humedales y arrecifes de coral del planeta fueron destruidos (ONU, 2021).

Actividad 1. Analiza la información del video Nuestro consumo-Latinoamérica parte 1 y contesta las preguntas

NUESTRO CONSUMO-LATINOAMÉRICA PARTE 1

NUESTRO CONSUMO-LATINOAMÉRICA PARTE 2

1. ¿Cuál es el problema principal de Latinoamérica?

____

2. ¿Qué producto altamente contaminante utiliza un bebé desde su nacimiento y hasta aproximadamente 2.5 años?

____

3. Actividad responsable de bosques talados para pastoreo y siembra y liberación de gas metano a la atmósfera, así como la emisión del 18 % de gases de efecto invernadero.

____

4. Cantidad de agua utilizada en cada descarga del inodoro.

____

5. Cantidad de agua que gasta una persona en Colombia para uso doméstico por día y durante toda su vida.

____

6. Actividad que usa combustible fósil no renovable y emite gases de efecto invernadero.

____

7. ¿Qué elementos de la tabla periódica tienen las pilas de los celulares?

____

8. Elemento de la tabla periódica que contamina el aire, agua, cultivos y el cuerpo humano.

____

9. Anota algunos productos que se consideran basura electrónica.

____

10. Escribe los medios impresos que dejan una huella importante en el planeta.

____

Actividad 2. En equipos de cinco integrantes analicen el video Nuestro consumo Latinoamérica, parte 2. En su cuaderno de notas, registren la información más relevante (reciclaje, hábitos alimenticios de carne y vegetales, ropa, calzado, consumo energético y generación de basura). En un pliego de papel bond reciclado, elaboren un organizador gráfico que incluya la información más relevante y algunas propuestas para mejorar la situación que vivimos. Expongan su organizador gráfico para rescatar propuestas de otros equipos. Te puedes apoyar del siguiente organizador gráfico

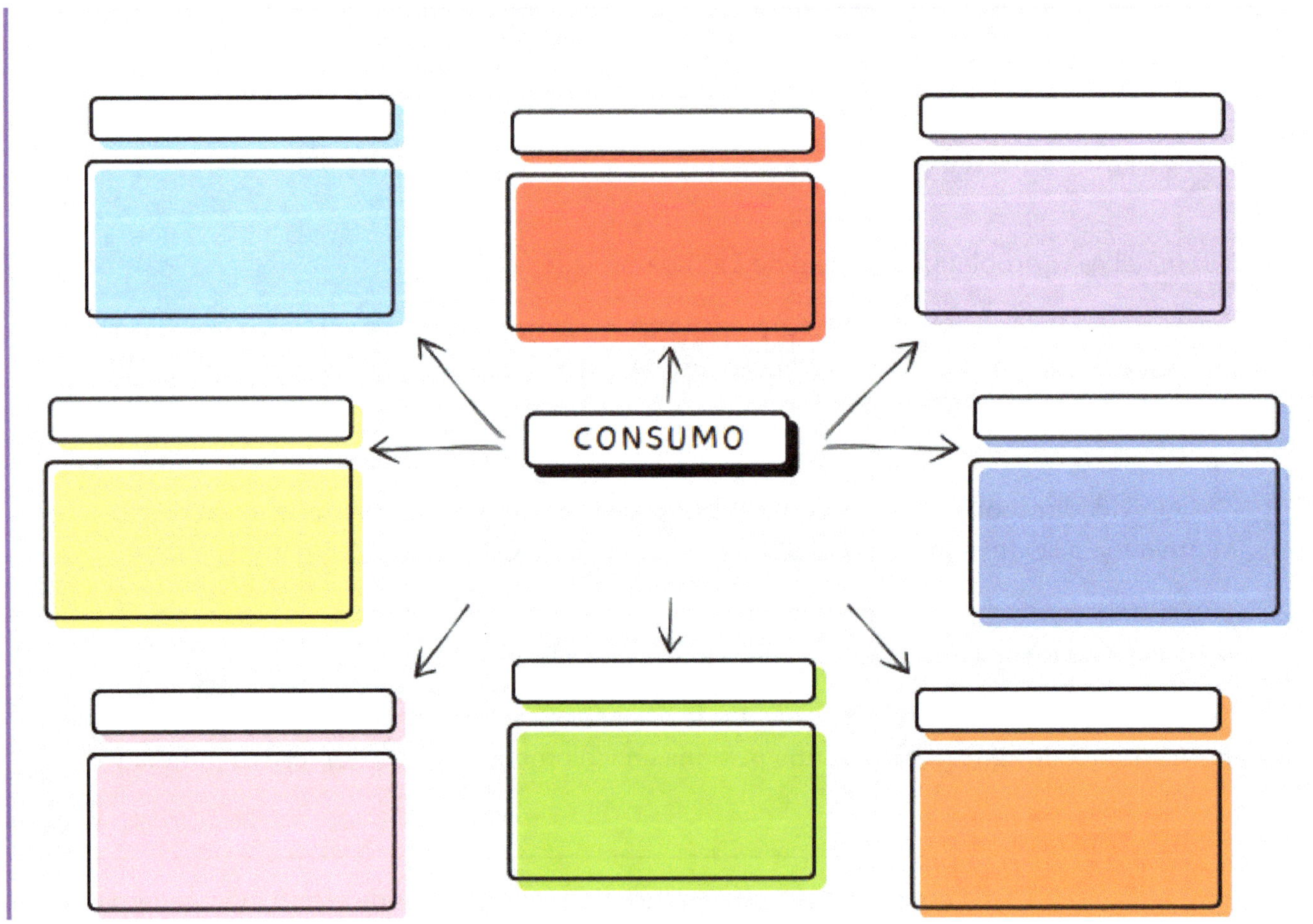

Impacto de la Revolución Industrial y el consumo en los ecosistemas

Fig. 3.20. El uso de la maquinaria altera el paisaje y la biodiversidad.

Desde el inicio de la humanidad en la Tierra, el ser humano ha aprendido a utilizar los recursos de los ecosistemas a su favor para satisfacer sus necesidades de alimento, vestimenta y herramientas de caza. Con el tiempo, pasó de una vida nómada a una sedentaria, estableciéndose en lugares con condiciones ambientales favorables para cubrir sus necesidades básicas.

Durante el período Neolítico surgió la agricultura, acompañada de la domesticación de animales, lo que transformó los ecosistemas naturales y dio origen a los ecosistemas agrícolas. A medida que las comunidades crecieron, se desarrollaron nuevas actividades como la metalurgia, el tejido, la alfarería y la fabricación de vidrio, entre otras.

Uno de los inventos más significativos en la mecanización del trabajo fue la maquinaria agrícola, producto de la Revolución Industrial en Inglaterra. Este avance impulsó la conversión de ecosistemas naturales en campos de cultivo y la tala de grandes extensiones de tierra para el pastoreo de ganado. A su vez, la expansión industrial trajo consigo nuevas formas de vida y consumo, generando un acelerado proceso de crecimiento económico a nivel mundial.

Los ecosistemas han sido los más afectados no solo por la extracción de recursos naturales como materia prima para la industria, sino también por los cambios en el uso del suelo debido a la edificación de ciudades, industrias y otras infraestructuras urbanas.

Descubrimientos científicos y su impacto ambiental

En 1898, Marie y Pierre Curie descubrieron el radio (Ra), un elemento radiactivo con alto potencial contaminante y posteriormente, Ernest Rutherford distinguió los rayos beta en las radiaciones del uranio (U), sugiriendo que los átomos contienen grandes reservas de energía. A mediados del siglo XX, Albert Einstein sentó las bases para el desarrollo de la energía nuclear, lo que eventualmente llevó a la creación de armas atómicas. Estas no solo causaron la muerte de cientos de miles de personas, sino que también tuvieron un impacto ambiental sin precedentes.

Desde el siglo XX, la industria ha sido considerada una de las principales fuentes de contaminación debido al alto consumo de combustibles, energía y agua, así como a la emisión de gases contaminantes y la generación de residuos. Se le ha responsabilizado del efecto invernadero, la lluvia ácida y el deterioro de la capa de ozono. Sin embargo, el crecimiento industrial ha sido impulsado por el aumento de la población y la demanda de productos para satisfacer sus necesidades, lo que también ha incrementado la producción de desechos.

El consumo desmedido y la generación de residuos han aumentado significativamente con el desarrollo de nuevas tecnologías y dispositivos electrónicos. Esto ha dado lugar a un nuevo tipo de contaminación: la basura electrónica, que requiere un manejo especializado para evitar daños ambientales.

Acciones globales para la sostenibilidad

Fig. 3.21. Es tarea de todos reducir los hábitos de consumo.

Ante la crisis ambiental, diversas organizaciones, instituciones y personas han analizado los daños al ecosistema. Desde 1972, la ONU ha mostrado preocupación por la calidad de vida en la Tierra, convocando a conferencias mundiales sobre el medio ambiente.

En 2015, se llevó a cabo la Cumbre de Desarrollo Sostenible, donde se aprobó la Agenda 2030, un plan que establece 17 objetivos de desarrollo sostenible. Se espera que cada país adopte medidas y programe acciones para cumplir con estos objetivos antes del año 2030.

La situación ambiental es una responsabilidad compartida por toda la sociedad. En el nivel medio superior, los estudiantes cuentan con herramientas para reflexionar sobre sus hábitos de consumo y realizar cambios que contribuyan a la sostenibilidad. Si en su entorno hay pérdida de recursos naturales, escasez de agua o contaminación de cuencas hidrológicas, es fundamental cambiar paradigmas, reducir el consumo y utilizar las redes sociales para concienciar a la comunidad. Difundir estrategias de conservación y recibir retroalimentación puede ser clave para atender los desafíos ambientales y recuperar los ecosistemas afectados.

Fig. 3.22. La agenda internacional para el Desarrollo Sostenible establece 17 objetivos como un plan de acción para que gobiernos y toda la población promueva la prosperidad y el bienestar en los próximos años.

Actividad 3. Formen equipos de cinco estudiantes para analizar el video y la información del texto. No podemos perder ni un instante en la lucha por alcanzar los objetivos de Desarrollo Sostenible. Intercambia ideas y propuestas con tus compañeros para completar el cuadro comparativo. Con apoyo de tu docente, lleven a cabo una lluvia de ideas para retroalimentar las acciones personales

NO PODEMOS PERDER NI UN INSTANTE EN LA LUCHA POR ALCANZAR LOS OBJETIVOS DE DESARROLLO SOSTENIBLE

CUADRO COMPARATIVO

	Acciones gubernamentales	Acciones personales
Agua limpia y saneamiento		
Ciudades y comunidades sostenibles		
Acción por el clima		
Vida de ecosistemas terrestres		

Evaluación económica de los servicios ecosistémicos

Los métodos para evaluar económicamente los servicios ecosistémicos incluyen la valoración directa de mercados, la valoración de mercado sustituto, los métodos de preferencias declaradas, los métodos de preferencias reveladas y la valoración contingente. La evaluación y valoración de los servicios ecosistémicos son necesarias para identificar soluciones prácticas de manejo y generar argumentos sólidos para negociar con los diferentes usuarios, desde agricultores y productores pecuarios hasta consumidores urbanos de agua dulce y muchos otros productos y servicios ambientales provenientes de las áreas naturales y del campo.

La valoración de los servicios ecosistémicos comprende dos tipos de valor: el valor de uso y el valor de no uso. Los valores de uso implican la utilización directa de los productos que proporcionan los ecosistemas, como el consumo de agua por parte de los agricultores y los usuarios urbanos. Por otro lado, el uso indirecto se refiere a la utilización de servicios ecosistémicos tales como el ciclo del agua, el ciclo del carbono y la infiltración del agua, entre otros. Los valores de no uso se refieren al valor inherente de un recurso, incluso si no se utiliza en el presente. Esto abarca la simple existencia de los ecosistemas y su importancia para la conservación y el uso por parte de futuras generaciones.

Métodos de valoración económica

- **Valoración directa de mercados:** Se basa en las preferencias expresadas directamente por los usuarios a través de mercados reales o experimentales, donde se mide su disposición a pagar por bienes y servicios ambientales.
- **Valoración de mercado sustituto:** Permite a los consumidores elegir entre alternativas de calidad similar al momento de tomar decisiones. Sin embargo, este criterio puede implicar riesgos, ya que requiere demostrar las cualidades superiores de un bien o servicio frente a otros.
- **Método de preferencias declaradas:** Consiste en una serie de técnicas basadas en encuestas o experimentos para recopilar información sobre las preferencias individuales y valorar servicios ecosistémicos en función de sus cualidades inherentes.
- **Método de preferencias reveladas:** Se fundamenta en el comportamiento observable de las personas para estimar los valores percibidos de los servicios ecosistémicos.
- **Método de valoración contingente:** Analiza los cambios en el bienestar de las personas ante escenarios hipotéticos o contingentes de bienes o servicios ambientales. Este método se ha utilizado para determinar el valor económico de áreas naturales con funciones recreativas.

Fig. 3.23. La valoración económica de los servicios ecosistémicos depende de la percepción del ser humano y de sus preferencias. La mayoría de las veces se valora hasta que el servicio es escaso.

Estrategias para la conservación de servicios ecosistémicos

Las estrategias clave para la conservación de los servicios ecosistémicos incluyen:

- **Gestión sostenible de recursos naturales**
- **Restauración de ecosistemas degradados**
- **Políticas y regulaciones ambientales**
- **Participación comunitaria y educación ambiental**

Estas estrategias permiten garantizar la preservación y el uso racional de los ecosistemas para el beneficio de la sociedad y las generaciones futuras.

Cierre

Actividad 4. Escucha detenidamente la canción. Con apoyo de su docente realicen un análisis y descubre el mensaje de la letra

DONDE JUGARAN LOS NIÑOS

Progresión 14. La ciencia como un esfuerzo humano para el bienestar, parte 3. Discusión de la aplicación de las ciencias naturales: Desequilibrio ecológico

Apertura

Seguramente has escuchado los términos *ecosistemas inexplorados* o *vírgenes*, esta condición se refiere a ecosistemas organizados en un estado de equilibrio, donde los organismos y especies coexisten con otros organismos o especies sin la intervención del hombre, salvo la presencia de fenómenos naturales. Es decir, existe una estabilidad biológica de los seres vivos y el medio ambiente. Cuando hablamos de ambientes internos estables, nos referimos al término de *homeostasis* abordado en progresiones anteriores.

En un ecosistema, la **homeostasis** se entiende como el estado de equilibrio que mantiene un ambiente interno estable para muchas variables, incluyendo la temperatura, para que funcione de forma correcta y estable mediante un intercambio regulado de materia y energía.

Es probable que en el lugar donde vives o muy cerca se hayan presentado o se presenten incendios forestales, huracanes, fuertes vientos, tormentas eléctricas, inundaciones, periodos largos de sequía, olas de calor y falta o escasez de agua, entre otros. Todos estos eventos extremos afectan al campo y a la ciudad en aspectos de salud, alimentación y bienestar social. Es importante reconocer que los sucesos climáticos extremos, además de afectar a la sociedad, causan estragos en los ecosistemas y un desequilibrio ecológico. La inestabilidad de los ecosistemas no solo es provocada por sucesos naturales; los seres humanos somos actores principales del desequilibrio ecológico con nuestras actividades antrópicas, que generan emisiones al ambiente y causan un impacto significativo en los diferentes ecosistemas donde vivimos. Esta situación se encuentra estrechamente relacionada con el aumento de la población, que se observa en el crecimiento de las ciudades, aldeas y comunidades. Es decir, el crecimiento demográfico es considerado una variable importante para explicar la sobreexplotación de los recursos y, por ende, el desequilibrio. A mayor población, mayor uso de recursos y actividades de deforestación, minería, pesca, agricultura, ganadería, urbanización en áreas de bosque y selva para cubrir necesidades de alimentación, vestido, vivienda, entre otras.

En esta progresión analizarás la importancia de tener ecosistemas equilibrados para el bienestar de las actuales y futuras generaciones. Las acciones individuales que es necesario implementar incluyen la regulación de hábitos de consumo, el reciclaje, el rehúso de diversos productos o envases, la cosecha de agua de lluvia, reutilización del agua, entre otras estrategias para cuidar el ambiente y los ecosistemas para el bienestar y la salud. Si bien la población mundial crece excesivamente, también tiene la capacidad de implementar posibles soluciones y utilizar el avance de la tecnología para revertir los estragos de las problemáticas ambientales actuales.

Desarrollo

Causas del desequilibrio ambiental

Son diversas las causas del desequilibrio ambiental. La urbanización, por ejemplo, es un fenómeno de asentamiento y dispersión que en los últimos años, abarca zonas de bosque o selva para edificar zonas habitacionales y se observa claramente en los alrededores de las ciudades, específicamente en las grandes ciudades como México, Querétaro, Guadalajara y Monterrey. En estas grandes urbes y en otras de menor tamaño, los hábitos de consumo y las grandes cantidades de basura que se generan, también representan una problemática tanto en las zona urbanas como en las rurales, y es que en la actualidad a pesar de que han prohibido el uso de bolsa de plástico en los centros comerciales y tianguis, la falta de cultura ambiental nos lleva a utilizar desmesuradamente productos y empaques con un tiempo de vida corto para convertirse en basura que se observa en las calles, obstruye coladeras en las ciudades y forman parte de una problemática en ríos, lagos y otros ecosistemas acuáticos y terrestres.

Estas y otras acciones contribuyen a un **desequilibrio ecológico**, es decir a un cambio, alteración o perturbación significativa de los ecosistemas, causando inestabilidad para los organismos que ahí habitan y graves daños al ambiente. El **desequilibrio ecológico** es la desregulación de los ciclos y redes de los ecosistemas y ocurre cuando se presenta una perturbación de forma natural o provocada por el hombre y altera el equilibrio que tenía.

Actividad 1. Analiza la información de los enunciados y resuelve el crucigrama

Crucigrama

Horizontales

2. Actividades que realiza el hombre y perjudican al ambiente.
4. Existe una estabilidad biológica de los seres vivos y el medio ambiente.
5. Es una energía limpia que utiliza el aire para generar energía eléctrica.
7. Es una perturbación natural.
8. Es una causa del desequilibrio ecológico.
9. Una alternativa de uso de combustible fósil es.
10. Perturbación causada por el hombre.

Verticales

1. Desregulación de los ciclos y redes del ecosistema.
3. Fenómeno demográfico que se produce cuando la elevada densidad de la población provoca consecuencias negativas en el entorno.
6. Consecuencia del desequilibrio ecológico.

Consecuencias del desequilibrio ecológico

- Destrucción de la capa de ozono
- Lluvia ácida
- Esterilización de los suelos por el uso excesivo de plaguicidas
- Calentamiento global
- Cambio climático

Situación actual

Desde la Revolución Industrial y hasta la actualidad, dependemos en gran medida de la tecnología en diversos ámbitos como telecomunicaciones, transporte, producción, farmacéutica, entre otros, que contribuyen al aumento en la demanda de energía, la sobreexplotación de reservas de combustibles fósiles y la sobreexplotación de los recursos naturales. Por ello, resulta necesario analizar las fuentes tradicionales de energía (uso de carbón mineral, petróleo, gas natural y energía nuclear) y su agotamiento, así como el impacto ambiental que causan, principalmente los combustibles fósiles, que al quemarse impactan gravemente al medio ambiente produciendo grandes cantidades de CO_2 atmosférico, lo que ocasiona el calentamiento global, fenómeno por el cual se incrementa la temperatura de la Tierra.

El calentamiento global es ocasionado por los gases de efecto invernadero (GEI), como el vapor de agua, metano, CO_2, N_2O y O_3. Estos gases producen el efecto invernadero natural, que se encarga de retener una parte del calor que llega del Sol; esto hace que la temperatura de la atmósfera se mantenga elevada y permite que la vida pueda existir en la Tierra. Si no hubiera gases de efecto invernadero en la Tierra, nuestro planeta tendría una temperatura muy baja de -18 °C. Sin embargo, cuando la cantidad de estos gases es muy elevada debido a actividades humanas (gases de efecto invernadero artificiales o antropogénicos), la retención de calor también se eleva, lo que ocasiona un aumento exagerado de las temperaturas y un cambio climático.

El cambio climático es un cambio en la temperatura promedio de la superficie del planeta (Tierra y océanos) y modificaciones en la distribución de la precipitación. El cambio climático ha traído consecuencias irreversibles, como la extinción de especies, sequías prolongadas, olas de calor, aumento en el nivel del mar, disminución de las placas de hielo, climas inusuales y eventos extremos como tormentas y huracanes intensos. También ha tenido un impacto negativo en la sociedad, la economía, la salud y las actividades productivas, entre otras.

Los avances científicos para beneficio del ambiente

Si bien los avances tecnológicos han contribuido a la crisis ambiental actual, también pueden ser herramientas clave para mitigar su impacto y proteger los ecosistemas. Existen diversas acciones que pueden adoptarse, desde actividades sencillas como la siembra de árboles, el uso de materiales biodegradables y la reducción del consumo, hasta estrategias más avanzadas como la recolección y reutilización del agua de lluvia, el aprovechamiento de energías renovables y la implementación de tecnologías ecológicas para reducir la huella ambiental. Los casos de éxito en la conservación del medio ambiente pueden difundirse a través de redes sociales para fomentar su replicación en otras comunidades.

Las energías renovables son fuentes de energía que, en general, generan menores impactos ambientales en comparación con los combustibles fósiles. Ejemplos de estas energías incluyen:

Fig. 3.24. Las energías renovables.

- **Energía solar**: Convierte la radiación solar en energía aprovechable, como la energía fotovoltaica (electricidad), la energía solar térmica (calor) y la calefacción solar a través de paneles y calentadores solares.
- **Energía eólica**: Utiliza la fuerza del viento mediante aerogeneradores para producir electricidad.
- **Energía hidráulica**: Se obtiene del movimiento del agua en ríos y embalses. Aunque es considerada renovable, su sostenibilidad depende del manejo adecuado de los recursos hídricos, especialmente ante la sobreexplotación y el cambio climático.
- **Energía geotérmica**: Aprovecha el calor del interior de la Tierra para generar electricidad y calefacción.
- **Energía de biomasa**: Se obtiene a partir de material orgánico como madera, residuos agrícolas y estiércol, que pueden convertirse en biocombustibles o biogás.

Convertidores catalíticos o catalizadores automotrices

El uso de combustibles fósiles en los automóviles genera una gran cantidad de contaminantes. Para reducir estas emisiones, los convertidores catalíticos transforman los gases tóxicos resultantes de la combustión en compuestos menos dañinos, contribuyendo a disminuir el impacto ambiental de los vehículos.

Los avances científicos para el beneficio del ambiente

Automóviles eléctricos e híbridos. Los autos eléctricos y los híbridos representan una alternativa más limpia, ya que reducen el consumo de combustibles fósiles y las emisiones de gases contaminantes. La transición hacia estos vehículos, junto con el desarrollo de infraestructura para energías limpias, es clave para la movilidad sostenible.

Control biológico de plagas. El control biológico permite reducir el uso de agroquímicos en la agricultura mediante el empleo de bacterias, hongos y otros organismos que combaten plagas de manera natural. Aunque su implementación es aún limitada, se requiere mayor apoyo por parte de la Secretaría del Medio Ambiente (SEDEMA), instituciones agrónomas y la iniciativa privada para su investigación y aplicación masiva.

Tecnologías disruptivas y sostenibilidad. El término «tecnologías disruptivas» fue acuñado por Clayton Christensen, profesor de la Universidad de Harvard, para describir innovaciones que transforman sectores enteros. En el contexto ambiental, la digitalización y los avances tecnológicos de la Cuarta Revolución Industrial han impulsado soluciones como:

- **Nanotecnología**: Materiales avanzados como el grafeno, que permiten mejorar la eficiencia de las energías renovables.

- **Ciudades inteligentes (*Smart cities*)**: Uso de tecnologías para mejorar la sostenibilidad urbana.
- **Big Data**: Análisis de grandes volúmenes de datos para identificar zonas con alta contaminación, optimizar el uso del agua y mejorar la eficiencia agrícola.
- **Modelado de cambio climático y biodiversidad**: Tecnologías que permiten predecir y mitigar los efectos del calentamiento global.
- **Sensores de fugas de agua**: Dispositivos que ayudan a gestionar de manera eficiente este recurso vital en diversos sectores, como la agronomía.

El avance científico y tecnológico puede ser una herramienta fundamental para enfrentar los retos ambientales actuales. Sin embargo, su implementación debe ir acompañada de políticas adecuadas, educación ambiental y un compromiso global para garantizar un desarrollo sostenible.

Aplicación de las Ciencias Naturales y la intervención gubernamental para rescatar el planeta

Como lo mencionamos anteriormente, los gobiernos de todos los países se han integrado en el plan denominado Agenda Internacional para el Desarrollo o Agenda 2030, que busca un desarrollo sostenible internacional. Este desarrollo se entiende como el que satisface las necesidades del presente sin comprometer las demandas de las generaciones futuras y aplica medidas de regulación en el manejo de recursos naturales. Sin embargo, sabemos que somos una sociedad sobrepoblada a la que le falta un poco de cultura para cuidar el ambiente, y que los gobiernos deben trabajar de forma colaborativa con fundaciones y centros educativos, los cuales son semilleros de transformación social, donde docentes y alumnos aplican sus habilidades y compromisos en proyectos interdisciplinarios que utilizan el método científico para elaborar proyectos y prototipos que resuelvan diversas situaciones, principalmente las que tienen relación con el cuidado del medio ambiente.

Estos proyectos deberían ir acompañados de prácticas de campo auspiciadas por el gobierno o fundaciones, para que los alumnos estén en contacto con la naturaleza y tengan mayor impacto en la sociedad, que necesita con gran urgencia un cambio de paradigma en nuestra forma de vida y el aprecio por los ecosistemas que nos proveen de alimentos y materias primas, y que, además, este planeta es nuestro único hogar.

En esta medida, las comunidades escolares, mediante la apropiación de los conocimientos de estas progresiones y la reflexión que han hecho de los contenidos de este libro con el apoyo de sus docentes, aplicarán sus conocimientos para ser consumidores responsables y seres éticamente conscientes y juiciosos, capaces de resolver problemas de su entorno que tengan impacto a nivel global y que sirvan de ejemplo para el resto de la sociedad.

En su formación de bachillerato, y con la apropiación de los conocimientos de la UAC de Ciencias Naturales III: Ecosistemas, Interacciones, Energía y Dinámica, los estudiantes tienen los elementos suficientes para decidir su futuro y, quizá, elegir sus estudios superiores en licenciaturas o ingenierías relacionadas con el cuidado del medio ambiente, como Ingeniería en Biotecnología, Biología Marina, Ingeniería Hidráulica, Ingeniería Ambiental, Ingeniería en Energías Renovables, Ingeniería en Desarrollo Sustentable, Ingeniería en Biosistemas Agroalimentarios, Licenciatura en Gestión Ambiental, Licenciatura en Ecoturismo, entre otros.

Cierre

Actividad 2. Explora tus conocimientos, habilidades y respeto por la naturaleza para elaborar una infografía de acciones que conduzcan a un desarrollo sustentable. Puedes retomar o utilizar como guía el esquema o crear el tuyo

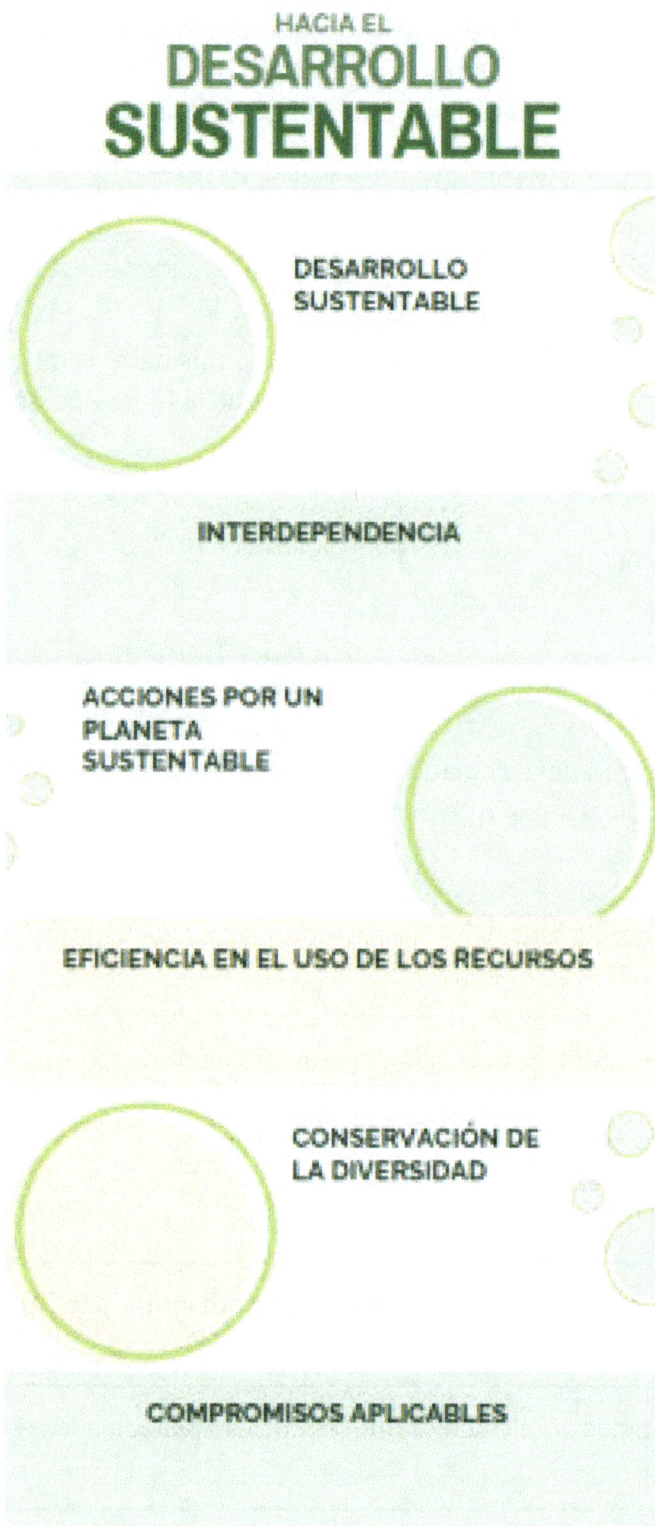

Actividad 3. Práctica de ingeniería

Mi huella hídrica

La huella hídrica es un indicador de sostenibilidad, que mide el volumen de agua que usa una persona de manera cotidiana para sus actividades diarias y el volumen total de agua dulce que se utiliza para producir los bienes y servicios que consume. La finalidad de medir la huella hídrica es promover una gestión más eficiente de este recurso limitado. El agua dulce se utiliza para casi todas las actividades humanas, desde las más básicas y esenciales como alimento, aseo personal y cuidado del vestido y la vivienda hasta actividades como la agricultura y la ganadería.

Objetivo

Conocer mi huella hídrica para saber el impacto de mis hábitos de consumo directos e indirectos del agua y hacer cambios en mi consumo de agua si fuera necesario.

Materiales

Dispositivo móvil o PC
Internet

Procedimiento

CALCULA TU HUELLA HÍDRICA

Descargar o ingresar a la calculadora de huella hídrica del código QR. Sigue las indicaciones que establece la página y contesta las siguientes preguntas:

1. ¿Qué es la huella hídrica?

2. ¿Por qué es importante el cálculo de la huella hídrica?

3. ¿Cuál fue tu resultado?

4. ¿Qué estrategias puedes implementar para disminuir tu huella hídrica?

5. ¿Qué beneficios conlleva una huella hídrica apegada a los estándares internacionales?

Resultados

Conclusión

Glosario

- Ácidos nucleicos: biomoléculas (ADN y ARN) que almacenan y transmiten la información genética.
- Adaptaciones etológicas: cambios en el comportamiento de los organismos que aumentan su supervivencia y reproducción en un entorno específico.
- Adaptaciones fisiológicas: modificaciones internas en la función de los organismos que les permiten sobrevivir en condiciones ambientales particulares.
- Adaptaciones morfológicas: cambios en la estructura física de los organismos que mejoran su adaptación al medioambiente.
- ADN (ácido desoxirribonucleico): material genético que contiene la información hereditaria.
- Algas unicelulares: organismos fotosintéticos de una sola célula, conocidos como microalgas, que forman parte del fitoplancton y son fundamentales en la producción de oxígeno y como base de la cadena alimentaria acuática.
- Algas: organismos acuáticos capaces de realizar la fotosíntesis, similares a las plantas.
- Almidón: polisacárido vegetal utilizado para almacenar glucosa.
- Ambiente pelágico: zona del océano que se encuentra alejada de la costa y del fondo marino, habitada por organismos que nadan libremente o flotan.
- Amebas: organismos unicelulares eucariotas que se mueven y se alimentan por medio de seudópodos.
- Amensalismo: interacción biológica en la que una especie inhibe o perjudica a otra sin obtener beneficio ni perjuicio para sí misma.
- Angiospermas acuáticas: plantas con flores adaptadas a vivir en ambientes acuáticos, ya sea sumergidas o flotantes.
- Angiospermas: plantas con flores que producen semillas encerradas en frutos, representando el grupo más diverso y evolucionado del reino vegetal.
- *Archaea*: tipo de célula procariota que habita en ambientes extremos, como aguas termales, salinas o intestinos de animales. Son diferentes de las bacterias comunes (eubacterias).
- ARN (ácido ribonucleico): molécula involucrada en la síntesis de proteínas y en la transmisión de información genética.
- Arqueas fotosintéticas: microorganismos primitivos que realizan fotosíntesis, contribuyendo a la producción primaria en ambientes extremos.
- Atmósfera: capa de gases que rodea la Tierra, esencial para la vida, ya que regula la temperatura y contiene el oxígeno necesario para la respiración.
- ATP (adenosín trifosfato): principal molécula transportadora de energía en las células.
- Autótrofos: organismos capaces de producir su propio alimento a partir de sustancias inorgánicas, como la luz solar (fotosíntesis).
- Bacterias fotosintéticas: microorganismos como las cianobacterias que pueden realizar la fotosíntesis.
- Biocenosis: conjunto de organismos de diferentes especies que coexisten en un mismo hábitat, interactuando entre sí y formando una comunidad ecológica.
- Biodigestor: sistema que descompone materia orgánica en ausencia de oxígeno, produciendo biogás y fertilizantes naturales.
- Biodiversidad: variedad de formas de vida en un ecosistema, incluyendo la diversidad genética, de especies y de ecosistemas.
- Bioelementos: elementos químicos esenciales para la vida, como el carbono, hidrógeno, oxígeno, nitrógeno, fósforo y azufre.

- Bioetanol: combustible renovable producido a partir de la fermentación de azúcares presentes en cultivos como el maíz y la caña de azúcar.
- Bioma: unidad ecológica extensa caracterizada por un tipo de vegetación dominante y condiciones climáticas específicas, como selvas, desiertos o tundras.
- Biomasa: cantidad total de materia orgánica presente en un área o volumen determinado, utilizada como indicador de la productividad de un ecosistema.
- Biotecnología: aplicación de procesos biológicos para el desarrollo de productos y tecnologías útiles en diversos campos, incluyendo la conservación ambiental.
- Biotipo: ambiente físico y químico que proporciona las condiciones necesarias para que una biocenosis se desarrolle.
- Cadena alimenticia: secuencia lineal de organismos en la que cada uno se alimenta del anterior y es alimento del siguiente, representando el flujo de energía en un ecosistema.
- Cambio climático: variación significativa y duradera en los patrones del clima global, atribuida en gran parte a actividades humanas, como la emisión de gases de efecto invernadero.
- Camuflaje: adaptación que permite a los organismos mezclarse con su entorno para evitar ser detectados por depredadores o presas.
- Carbohidratos: moléculas orgánicas compuestas por carbono, hidrógeno y oxígeno, que sirven como fuente principal de energía para los seres vivos.
- Caza furtiva: actividad ilegal de caza que amenaza la supervivencia de especies y altera el equilibrio de los ecosistemas.
- Célula: unidad estructural y funcional básica de todos los seres vivos.
- Células eucariotas: células con núcleo definido y orgánulos membranosos, presentes en animales, plantas, hongos y protistas.
- Células procariotas: células sin núcleo definido ni orgánulos membranosos, como las bacterias y *archaea*.
- Cianobacterias: microorganismos fotosintéticos que contribuyen significativamente a la producción de oxígeno y al ciclo del nitrógeno en los ecosistemas acuáticos.
- Ciclo de Krebs: serie de reacciones químicas en la mitocondria que producen ATP y transportadores de electrones.
- Ciclo del carbono: proceso natural de circulación del carbono entre los seres vivos, la atmósfera y el suelo.
- Ciclos biogeoquímicos: procesos naturales que reciclan elementos esenciales, como el carbono, nitrógeno y fósforo, a través de la biosfera, atmósfera, hidrosfera y litosfera.
- Ciénegas: humedales de agua dulce con vegetación densa, que actúan como filtros naturales y hábitats para diversas especies.
- Citoesqueleto: red de fibras dentro de la célula eucariota que da forma, soporte y permite el movimiento celular.
- Citoplasma: sustancia gelatinosa en el interior de la célula que contiene los orgánulos y el citoesqueleto.
- Clorofila: pigmento verde en los cloroplastos que capta la luz solar para la fotosíntesis.
- Cloroplastos: orgánulos de las células vegetales donde ocurre la fotosíntesis.
- CO_2 (dióxido de carbono): gas absorbido por las plantas en la fotosíntesis y liberado por los seres vivos en la respiración.
- Comensalismo: relación entre dos especies en la que una se beneficia y la otra no se ve afectada ni positiva ni negativamente.
- Competencia interespecífica: interacción entre individuos de diferentes especies que compiten por los mismos recursos limitados en un ecosistema.
- Competencia intraespecífica: interacción entre individuos de la misma especie que compiten por recursos como alimento, espacio o pareja.
- Depredación: interacción biológica en la que un organismo (depredador) caza y consume a otro (presa) para alimentarse.

- Detritívoros: organismos que se alimentan de materia orgánica en descomposición, contribuyendo al reciclaje de nutrientes en los ecosistemas.
- Diatomeas: algas unicelulares con paredes celulares de sílice, importantes productores primarios en ambientes acuáticos.
- Dinámica trófica: estudio de las interacciones energéticas y alimentarias entre los diferentes niveles tróficos dentro de un ecosistema.
- Diversidad biológica (biodiversidad): variedad de especies animales, vegetales y microorganismos en un ecosistema.
- Ecosistema: sistema formado por una comunidad de organismos vivos y su entorno físico, interactuando como una unidad funcional.
- Efecto invernadero: fenómeno natural en el que ciertos gases en la atmósfera retienen el calor, manteniendo la temperatura terrestre; su intensificación por actividades humanas contribuye al calentamiento global.
- Energía: capacidad para realizar un trabajo o provocar cambios; puede liberarse o absorberse durante una reacción química.
- Equinoccio: momento del año en que el día y la noche tienen igual duración en todo el planeta, marcando el inicio de la primavera o el otoño.
- Estabilidad: capacidad de un ecosistema para resistir perturbaciones y mantener su estructura y funciones a lo largo del tiempo.
- Estomas: poros en las hojas por donde entra el CO_2 y se libera oxígeno.
- Evapotranspiración: proceso por el cual el agua absorbida por las plantas se libera a la atmósfera en forma de vapor.
- Fase luminosa: etapa de la fotosíntesis que requiere luz solar para producir ATP y NADPH.
- Fase oscura (*ciclo de Calvin*): etapa de la fotosíntesis que utiliza ATP y NADPH para formar glucosa sin necesitar luz directa.
- Fotólisis del agua: división del agua mediante luz solar en oxígeno, protones y electrones.
- Fotosíntesis: proceso mediante el cual las plantas, algas y algunas bacterias convierten la energía solar en glucosa y oxígeno.
- Gimnospermas: plantas que producen semillas no encerradas en frutos, como los pinos y las coníferas.
- Glucógeno: polisacárido de almacenamiento de glucosa en animales.
- Glucosa ($C_6H_{12}O_6$): azúcar producido durante la fotosíntesis, base de la materia vegetal y fuente de energía. Azúcar simple y principal combustible para las células.
- Heterótrofos: organismos que dependen de otros seres vivos para alimentarse, como los animales y los seres humanos.
- Hidrósfera: conjunto de todas las aguas de la Tierra, incluyendo océanos, ríos, lagos y aguas subterráneas.
- Homeostasis: capacidad de los organismos y ecosistemas para mantener un equilibrio interno frente a cambios externos.
- Huella hídrica: indicador del volumen total de agua dulce utilizada para producir bienes y servicios consumidos por un individuo o comunidad.
- Humedales: ecosistemas inundados de forma permanente o temporal, que albergan una gran biodiversidad y actúan como reguladores del ciclo hidrológico.
- Levaduras: hongos unicelulares eucariotas utilizados en fermentación.
- Lípidos: moléculas orgánicas que sirven como reserva de energía y forman parte de las membranas celulares en los seres vivos.
- Litósfera: capa sólida más externa de la Tierra, compuesta por la corteza y la parte superior del manto.
- Mareas negras: derrames de petróleo en el mar que causan graves daños a los ecosistemas marinos y costeros.
- Materia: todo aquello que tiene masa y ocupa espacio; está formada por átomos.
- Mesolitoral: zona intermareal de las costas marinas que queda expuesta al aire durante la marea baja y sumergida durante la marea alta.

- Metabolismo energético: conjunto de procesos químicos mediante los cuales el cuerpo produce y utiliza energía.
- Microorganismos: organismos microscópicos, como bacterias y protozoarios.
- Migración: desplazamiento periódico de organismos de un lugar a otro, generalmente en respuesta a cambios estacionales o reproductivos.
- Mimetismo: adaptación en la que un organismo imita las características de otro para obtener ventajas, como protección frente a depredadores.
- Mitocondrias: orgánulos que generan energía para la célula a partir de nutrientes.
- Mutualismo: relación entre dos especies en la que ambas obtienen beneficios, como la polinización entre insectos y plantas.
- NADH y $FADH_2$: moléculas que transportan electrones a la cadena de transporte para producir ATP.
- NADPH: molécula que transporta electrones de alta energía generados en la fase luminosa.
- Nanotecnología: manipulación y control de la materia a escala nanométrica (1-100 nm) para desarrollar materiales y dispositivos con aplicaciones en diversos campos, incluyendo la biología y la ecología
- Necton: organismos acuáticos que nadan activamente y pueden desplazarse independientemente de las corrientes, como peces y mamíferos marinos.
- Nicho ecológico: espacio físico y papel funcional de una especie dentro de un ecosistema, incluyendo su comportamiento, dieta y relaciones con otras especies.
- Nivel trófico: cada uno de los escalones en una cadena alimentaria, que agrupa organismos según su fuente de energía y nutrientes: productores, consumidores primarios, secundarios, terciarios y descomponedores.
- Núcleo celular: orgánulo que contiene el material genético (ADN) de la célula eucariota.
- Oligoelementos: elementos químicos presentes en muy pequeñas cantidades en los seres vivos, esenciales para funciones vitales como la actividad enzimática y el equilibrio metabólico.
- Organismos pluricelulares: seres vivos formados por muchas células.
- Organismos unicelulares: seres vivos formados por una sola célula.
- Oxígeno (O_2): gas liberado en la fotosíntesis, necesario para la respiración de la mayoría de los seres vivos.
- Parasitismo: relación ecológica en la cual un organismo (parásito) obtiene nutrientes de otro organismo (huésped), al cual puede debilitar sin necesariamente causarle la muerte inmediata.
- Plancton: conjunto de organismos, tanto animales como vegetales, que habitan en la columna de agua y que, debido a su limitada capacidad de desplazamiento, son arrastrados por las corrientes. Incluye fitoplancton (productores primarios) y zooplancton (consumidores primarios).
- Plantas: organismos autótrofos que realizan la fotosíntesis, producen oxígeno y sirven de alimento y materia prima para los seres humanos y animales.
- Población: conjunto de individuos de la misma especie que coexisten en un área geográfica determinada, compartiendo propiedades biológicas que permiten una alta cohesión reproductiva y ecológica.
- Proteínas: macromoléculas que cumplen funciones estructurales, catalíticas y de señalización.
- Protistas: organismos eucariotas unicelulares o multicelulares simples, que no se clasifican como animales, plantas ni hongos.
- Protoplasma: sustancia que forma la parte viva de la célula, incluyendo el citoplasma y el núcleo.
- Reacción química: proceso en el que una o más sustancias se transforman en otras nuevas mediante la reorganización de átomos, moléculas o iones.
- Red trófica: conjunto de cadenas alimentarias interconectadas que describen las relaciones de alimentación entre organismos en un ecosistema.
- Reforestación: plantación de árboles en zonas que han perdido su vegetación para restaurar el ecosistema.
- Respiración celular: conjunto de reacciones químicas que ocurren en las células para descomponer la glucosa y obtener energía en forma de ATP.
- Rubisco: enzima que fija el dióxido de carbono en el *ciclo de Calvin*.
- Sacarosa: disacárido formado por glucosa y fructosa; azúcar común.

- Servicios ecosistémicos: beneficios que los ecosistemas proporcionan al ser humano, como la purificación del agua, la polinización y la regulación del clima.
- Sucesión ecológica: proceso natural de cambio en la composición de especies en un ecosistema a lo largo del tiempo.
- Sucesión primaria: establecimiento de comunidades biológicas en áreas previamente deshabitadas y sin suelo, como después de una erupción volcánica.
- Sucesión secundaria: recolonización de un área donde existía un ecosistema previo que fue alterado o destruido, como tras un incendio.
- Tecnologías disruptivas: innovaciones que transforman radicalmente los mercados existentes o crean nuevos, desplazando tecnologías anteriores.
- Teoría celular: principio fundamental que establece que todos los seres vivos están formados por células, que realizan funciones vitales y se reproducen por división celular.
- Tilacoides: estructuras dentro de los cloroplastos donde ocurre la fase luminosa de la fotosíntesis.
- Vegetación: conjunto de plantas de una región, esencial para el equilibrio ecológico y la vida en la Tierra.
- Zooplancton: organismos animales microscópicos que flotan en ambientes acuáticos y se alimentan de fitoplancton, siendo clave en la cadena alimentaria.

Referencias

Alberts, B., Bray, D., Hopkin, K., Johnson, A., Lewis, J., Raff, M., Roberts, K., & Walter, P. (2004). *Introducción a la biología celular* (2ª ed.). Editorial Médica Panamericana.

Angulo, R. A., Galindo, U. A. R., Avendaño, P. R. C., & Pérez, A. C. (2012). *Biología celular. Plan 2009. Sexto semestre.* Universidad Autónoma de Sinaloa.

Apoyo B@UNAM, CCH y ENP. (2024, 20 de febrero). ¿Qué son los servicios ecosistémicos? *Alianza B@UNAM.* https://alianza.bunam.unam.mx/enp/que-son-los-servicios-ecosistemicos/

Buchanan, B. B., Gruissem, W., & Jones, R. L. (2015). *Biochemistry and molecular biology of plants.* Wiley Blackwell.

CIMMYT. (2022, 5 de diciembre). El nitrógeno en la agricultura. *CIMMYT.* https://www.cimmyt.org/es/noticias/el-nitrogeno-en-la-agricultura/

CLEAN (Committed to Climate and Energy Education). (s. f.). *Literacy in Spanish.* https://clanet.org/clean/literacy/spanish/index.html

Colegio de Geografía, UNAM. (2016, 11 de enero). *Huerto fenológico.* http://huertofenologico.filos.unam.mx/?p=321

Edding, M., Tala, F., & Vázquez, J. (2006). *Fisiología vegetal.* Ediciones Universidad de la Serena.

FAO. (s. f.). *Incentivos para los servicios ecosistémicos.* Recuperado el 20 de diciembre de 2024 de https://www.fao.org/in-action/incentives-for-ecosystem-services/toolkit/assessment-and-valuation/es/

Gaceta ecológica, 84-85. (2007, julio–diciembre). *Redalyc.* https://www.redalyc.org/pdf/539/53908502.pdf

Getahun, S., Kefale, H., & Gelaye, Y. (2024). Application of precision agriculture technologies for sustainable crop production and environmental sustainability: A systematic review. *The Scientific World Journal, 2024,* 12 páginas. https://doi.org/10.1155/2024/2126734

Hopkins, W. G., & Hüner, N. P. A. (2008). *Introduction to plant physiology.* John Wiley & Sons.

Khan Academy. (s. f.). *Cadenas alimenticias y redes tróficas.* Recuperado el 15 de diciembre de 2024 de https://es.khanacademy.org/science/ap-biology/ecology-ap/energy-flow-through-ecosystems/a/food-chains-food-webs

Khan Academy. (s. f.). *Flujo de energía y productividad primaria.* https://es.khanacademy.org/science/biology/ecology/intro-to-ecosystems/a/energy-flow-primary-productivity

Khan Academy. (s. f.). *Interacciones ecológicas.* Recuperado el 16 de noviembre de 2024 de https://es.khanacademy.org/science/biology/ecology/community-ecosystem-ecology/a/ecological-interactions

Khan Academy. (s. f.). *Introducción a la fotosíntesis.* Recuperado el 10 de diciembre de 2024 de https://es.khanacademy.org/science/ap-biology/cellular-energetics/photosynthesis/a/intro-to-photosynthesis#:~:text=La%20fotos%C3%ADntesis%20es%20el%20proceso,se%20libera%20ox%C3%ADgeno%20como%20subproducto

Khan Academy. (s. f.). *Introducción a los ciclos biogeoquímicos.* https://es.khanacademy.org/science/biology/ecology/biogeochemical-cycles/a/introduction-to-biogeochemical-cycles

Khan Academy. (s. f.). *Introducción a los ciclos biogeoquímicos.* https://es.khanacademy.org/science/ap-biology/cellular-energetics/cellular-respiration-ap/a/steps-of-cellular-respiration#:~:text=Las%20etapas%20de%20la%20respiraci%C3%B3n,Krebs%2C%20y%20la%20fosforilaci%C3%B3n%20oxidativa

Khan Academy. (s. f.). Tasa metabólica. *Khan Academy.* Recuperado el 25 de noviembre de 2024 de https://www.khanacademy.org/science/ap-biology/ecology-ap/energy-flow-through-ecosystems/a/metabolic-rate

Krebs, C. (2007). *Ecología: Estudio de la distribución y la abundancia* (2ª ed.). Harla.

Laurance, W. F. (1999). Reflections on the tropical deforestation crisis. *Biological Conservation, 91*(2-3), 109-117. https://citeseerx.ist.psu.edu/document?repid=rep1&type=pdf&doi=4d59feb807411d1ad6821cfd41cfd982d6fb271d

Lazcano, C. (2016). *Biotecnología ambiental de aguas y aguas residuales* (2ª ed.). ECOE Ediciones.

Lifeder. (2020, 17 de diciembre). *Red trófica.* https://www.lifeder.com/red-trofica/

Lifeder. (2024, 21 de octubre). Red trófica. *Lifeder.* Recuperado de https://www.lifeder.com/red-trofica/

Malhi, Y., & Grace, J. (2000). Tropical forests and atmospheric carbon dioxide. *Trends in Ecology and Evolution, 15*(8), 332-337. https://www.researchgate.net/publication/12433820_Tropical_Forests_and_Atmospheric_Carbon_Dioxide

Martín, J. L., Marrero, M. V., & González, J. M. (2021). Efectos del cambio climático en la vegetación de la alta montaña de Tenerife. *Ecosistemas: Revista Científica de Ecología y Medio Ambiente, 20*(1). Asociación Española de Ecología Terrestre.

NASA. (2024, 16 de noviembre). Carbon cycle and ecosystems. *NASA Terra.* https://terra.nasa.gov/science/carbon-cycle-and-ecosystems#:~:text=Carbon%20moves%20from%20the%20atmosphere,atmosphere%20also%20warm%20Earth's%20climate

Nason, A., & Dehaan, R. (2000). *El mundo biológico.* Editorial Limusa.

National Geographic Society. (2023, 19 de octubre). *El ciclo del carbono. Education National Geographic.* https://education.nationalgeographic.org/resource/carbon-cycle/

Noy-Meir, I. (1973). Desert ecosystems: Environment and producers. *Annual Review of Ecology and Systematics, 4,* 25-51. https://sala.lab.asu.edu/wp-content/uploads/2018/02/Noy-Meir-1973.pdf

Odum, E. P., & Barrett, G. W. (2006). *Fundamentals of Ecology* (5ª ed.). Brooks Cole.

Ondarza, R. (1993). *Ecología: El hombre y su ambiente.* Editorial Trillas.

Portal Académico del CCH. (s. f.). Relaciones interespecíficas. *Universidad Nacional Autónoma de México.* Recuperado el 2 de diciembre de 2024 de https://e1.portalacademico.cch.unam.mx/alumno/biologia2/unidad2/relacionesComunidad/interespecificas

Raffino, Equipo editorial, Etece. (2025, 26 de marzo). *Adaptación de los seres vivos. Enciclopedia Concepto.* Recuperado el 24 de mayo de 2025 de https://concepto.de/adaptacion-de-los-seres-vivos/#ixzz90cD964C1

Redacción National Geographic. (2022, 24 de septiembre). ¿Qué es un ecosistema? *National Geographic.* https://www.nationalgeographicla.com/medio-ambiente/2022/08/que-es-un-ecosistema

Redacción. (2025, 28 de mayo). El pueblo en Suiza que quedó sepultado por una avalancha provocada por el derrumbe de un glaciar. *BBC News Mundo.* https://www.bbc.com/mundo/articles/c780v18jzpeo

Salisbury, F. B., & Ross, C. W. (1992). *Fisiología vegetal.* Grupo Editorial Iberoamericana.

Sankaran, M., et al. (2005). Determinants of woody cover in African savannas. *Nature, 438*(7069), 846-849. https://www.nature.com/articles/nature04070

Scholes, R. J., & Archer, S. R. (1997). Tree-grass interactions in savannas. *Annual Review of Ecology and Systematics, 28,* 517-544.

Secretaría de Medio Ambiente y Recursos Naturales. (2018, 24 de septiembre). *Conservación de las especies, el gran reto de la actualidad.* https://www.gob.mx/semarnat/articulos/conservacion-de-las-especies-el-gran-reto-de-la-actualidad

Taiz, L., Zeiger, E., Møller, I. M., & Murphy, A. (2015). *Fisiología y desarrollo vegetal.* Sinauer Associates.

Tecnoceano. (2015, 11 de agosto). *Deshielo de los casquetes polares.* https://tecnoceano.com/deshielo-de-los-casquetes-polares/

Valdivia, B., Granillo, P., & Villareal, M. (2002). *Biología: La vida y sus procesos.* Publicaciones Cultural.

Hasta este momento, hemos aprendido que la naturaleza, en la mayoría de los casos, funciona sin la intervención humana y que nuestra supervivencia depende de ella, ya que es responsable del aire que respiramos, del agua que bebemos y de los alimentos que consumimos; es decir, es crucial para satisfacer las necesidades más vitales para nuestra subsistencia. Por ello, te invito a que te conectes con la naturaleza y cambies tu paradigma, pero, sobre todo, tus hábitos de consumo en la medida de lo posible, para que juntos podamos realizar actividades sencillas para proteger el medioambiente, nuestro hogar.

CADUCEUS

www.ingramcontent.com/pod-product-compliance
Lightning Source LLC
LaVergne TN
LVHW082036051026
849532LV00011B/3381
* 9 7 8 9 5 6 4 2 4 0 4 5 9 *